幼儿教育"岗课赛证融通"微课版系列教材

U0646989

Foundations of Early Childhood Developmental Psychology

幼儿发展心理基础

主　编　彭雪明　彭　婷　李运方

副主编　付立霞　潘亮宇　刘晓芳　赵　猛　王鹤蓉

参　编　李晓佳　梁丽咏　许明智　郭志磊

ZHEJIANG UNIVERSITY PRESS
浙江大学出版社
·杭州·

图书在版编目（CIP）数据

幼儿发展心理基础 / 彭雪明，彭婷，李运方主编.
杭州：浙江大学出版社，2024. 8. -- ISBN 978-7-308
-25299-7

Ⅰ. B844.12

中国国家版本馆 CIP 数据核字第 2024J3T715 号

幼儿发展心理基础
YOUER FAZHAN XINLI JICHU

彭雪明　彭　婷　李运方　主编

策划编辑	李　晨
责任编辑	高士吟
责任校对	诸寅啸
装帧设计	春天书装
出版发行	浙江大学出版社
	（杭州市天目山路148号　　邮政编码　310007）
	（网址：http://www.zjupress.com）
排　　版	杭州林智广告有限公司
印　　刷	杭州宏雅印刷有限公司
开　　本	787mm×1092mm　1/16
印　　张	12.5
字　　数	217千
版 印 次	2024年8月第1版　2024年8月第1次印刷
书　　号	ISBN 978-7-308-25299-7
定　　价	39.90元

党的二十大报告指出："高质量发展是全面建设社会主义现代化国家的首要任务。"[①] 并强调："教育、科技、人才是全面建设社会主义现代化国家的基础性、战略性支撑。"[②] 学前教育作为我国基础教育的基础，是培养担当民族复兴大任的时代新人的重要奠基阶段，对加快建设教育强国和高质量教育体系具有基础性、全局性和战略性支撑作用。因此，为了适应和满足学前教育快速发展的需求，我们在贯彻落实《"十四五"学前教育发展提升行动计划》的前提下，经过调研，根据职业院校学前教育专业人才培养方案及要求，遵循学前教育教学特点，针对学生实际情况，结合教学实践，编写了本教材。

在编写过程中，我们注重理论与实践的紧密结合，力求根据科学的观念和现代幼儿发展心理学原理对幼儿心理现象进行实事求是的分析和评论；以知识内在结构为主线，结合详细的案例，突出各个年龄段、各种心理现象的特征，充分解读了各种幼儿心理的独特性、差异性和可塑性；教材中所涉及的幼儿心理知识不仅具有较高的理论价值，而且对我国现行的幼儿教育实践也有一定的指导和参考作用。幼儿发展心理学是致力于幼儿的未来发展，研究幼儿（3～6岁或7岁入学前儿童）心理现象发生、发展和活动的一门科学。幼儿发展心理学和婴儿心理学、学龄儿童心理学、少年心理学、老年心理学等都是发展心理学的分支学科，和幼儿卫生保育、幼儿教育学、幼儿教育活动的设计与指导等教育理论课都是幼儿教育专业的必修课。学习幼儿发展心理学能够让幼儿教师真正地了解孩子，真正地站

---

① 习近平. 高举中国特色社会主义伟大旗帜 为全面建设社会主义现代化国家而团结奋斗——在中国共产党第二十次全国代表大会上的报告 [M]. 北京：人民出版社，2022:28.
② 同①:33.

在孩子的角度思考问题，准确地判断孩子的言行。因此，掌握幼儿心理学的相关知识就成为幼儿教育工作者所必备的核心素质。

幼儿发展心理学是保育师考试和幼儿园教师资格证考试的必考科目。本教材依据时代的发展、学生学习方式的转变、社会对人才的要求等，做出了以下创新。

1. 内容全面

本教材涵盖了幼儿发展心理学的各个方面，包括幼儿发展心理学概述、幼儿注意的发展、幼儿感知觉的发展、幼儿记忆的发展、幼儿想象的发展、幼儿思维的发展、幼儿言语的发展、幼儿情绪和情感的发展、幼儿个性的发展和幼儿社会性的发展。

2. 教考合一

针对保育师考试和幼儿园教师资格证考试，本教材在每一章的最后都设置了"真题练习"板块，为学生以后顺利通过考试奠定基础。

3. "融媒体"教材

在编写过程中，本教材将更多的学习资源进行了有效整合，并以二维码的形式与教材完美融合。二维码中加入了大量的教育案例视频，将理论与实践紧密结合，生动、形象，让学生更加细致地掌握幼儿心理发展的特点和规律。另外，本教材还将真题答案呈现在相应的二维码中，方便学生自我检测、自我修正与自我提升。

在本教材的编写过程中，我们参考了大量有关幼儿心理学、幼儿发展心理学、学前心理学等方面的书籍和国内外文献资料，在此向所有参考文献的作者表示衷心感谢。

尽管编者在编写中做了很大的努力，但由于编者水平有限，编写时间仓促，书中难免存在不妥之处，敬请各位专家及广大读者提出宝贵意见，以便修订时改进。

编　者

2024.6

CONTENTS 目录

第一章
幼儿发展心理学概述

✧ 本章导读

　　幼儿发展心理学是研究幼儿心理现象的发生及其发展规律的科学。学习幼儿发展心理学对了解幼儿的心理发展、更好地进行幼儿教育有着重要的积极意义。作为一名幼儿教师，进行幼儿发展心理学的学习是十分必要的。

✧ 学习目标

素质目标

1. 养成实事求是、认真严谨的治学态度，提高职业认知能力。

2. 树立正确的儿童观、教育观、教师观。

3. 增强热爱幼儿、热爱幼教事业的专业情感。

4. 遵守职业道德，具备良好的职业素养和科学精神。

知识目标

1. 理解学习幼儿发展心理学的意义。

2. 了解幼儿发展心理学的概念和研究原则。

3. 掌握幼儿发展心理学的研究内容和研究方法。

能力目标

1. 学会分析日常生活中幼儿常见的心理现象。

2. 学会反思教育活动，增强教育活动的科学性。

3. 初步具备运用心理学研究方法研究学前儿童心理的能力。

◇ 思维导图

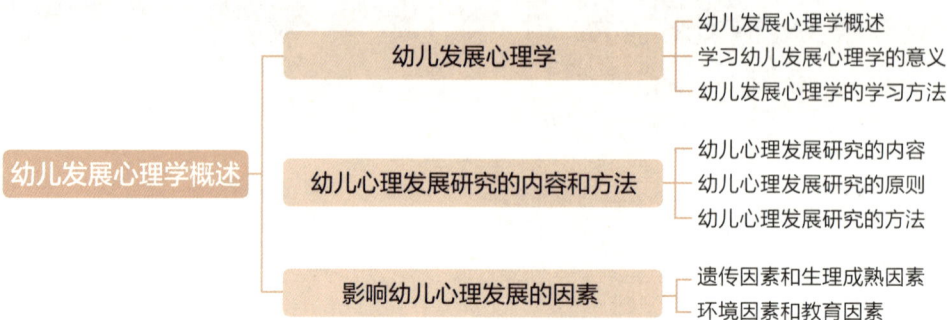

幼儿发展心理学概述
- 幼儿发展心理学
  - 幼儿发展心理学概述
  - 学习幼儿发展心理学的意义
  - 幼儿发展心理学的学习方法
- 幼儿心理发展研究的内容和方法
  - 幼儿心理发展研究的内容
  - 幼儿心理发展研究的原则
  - 幼儿心理发展研究的方法
- 影响幼儿心理发展的因素
  - 遗传因素和生理成熟因素
  - 环境因素和教育因素

◇ 情境导入

　　小李是刚进入幼儿园工作的教师，她非常喜欢孩子，孩子们也十分愿意和她亲近。有一次，她组织孩子们做游戏："孩子们，现在我们要玩老鹰捉小鸡的游戏，小张老师扮演老鹰，我扮演保护小鸡的母鸡，你们扮演小鸡，大家在我身后依次站好啊！"话刚说完，孩子们立刻一拥而上，围绕在小李老师的身边，并没有在她身后依次站好。孩子们都想紧挨着老师站，谁也不愿意站到后面……你知道孩子们为什么会这样吗？你了解他们心里的想法吗？

　　作为一名幼儿教师，仅仅有工作热情和对孩子们的喜爱是远远不够的。幼儿教师一定要站在儿童的角度，了解他们内心的想法，才能真正做好这份工作。

第一节 幼儿发展心理学

一、幼儿发展心理学概述

幼儿心理发展是指幼儿（3～6岁或7岁入学前儿童）在低级的心理机能的基础上，逐渐向高级的心理机能转化、日趋完善和复杂化的过程。

幼儿发展心理学是研究幼儿（3～6岁或7岁入学前儿童）心理现象发生、发展和活动规律的一门科学。具体来说，幼儿发展心理学就是研究幼儿认知能力的发展特点、情绪情感的发展特点、行为活动的目的性、幼儿自我控制能力的发展，以及幼儿个性心理特征的形成与发展特点的一门学科。

幼儿发展心理学和婴儿心理学、学龄儿童心理学、少年心理学、老年心理学等都是发展心理学的分支学科，与幼儿卫生保育、幼儿教育学、幼儿园教育活动的设计与指导等教育理论课都是幼儿教育专业的必修课。

二、学习幼儿发展心理学的意义

（一）理论意义

1. 有利于发现幼儿零散心理现象的内在联系

幼教工作者每天都能通过观察发现幼儿的各种心理表现，这些是研究幼儿心理发展规律的第一手资料，具有重要的研究价值。幼儿教师学习开展幼儿心理发展研究，不仅能帮助幼儿教师发现幼儿心理发展规律，根据规律开展教育，而且有利于丰富幼儿心理发展的理论。

2. 有利于提升幼儿教师个人教育经验

幼教工作者经过一段时间的教育教学工作，积累了一些自认为是行之有效的教育教学方法，但是个人的经验是否能在其他教师或班级推广还缺乏有力的证据，一些优秀的幼儿教师的教育经验因此得不到有效提炼和总结。幼儿心理发展研究，不仅可以帮助幼儿教师及时发现教育中存在的问题，进一步提升其教育教学实践经验，同时还有助于教师通过记录促进其幼儿心理发展的教育过程，掌握幼儿心理发展的规律，提升其教育经验总结的有效性，将个人教育经验总结提升到理论高度。

（二）实践意义

1. 有利于幼教工作者开展针对性教育

幼儿教师每天都要面对不同幼儿的不同心理表现，需要应对幼儿的不同要求。有时教师采用的某些方法能取得良好的教育效果，但也有教师在教育幼儿时产生了很强的挫败心理。借助幼儿心理发展的研究，能有效帮助教师找到失败的原因，科学探索有针对性的补救教育措施。

2. 有利于新教师快速适应幼儿教育岗位

幼儿教师的工作是繁重而复杂的，新任教师开始工作时感觉最难的就是与幼儿的沟通、交流。教师应及时了解幼儿的心理需要，及早制定应对的措施。为此，新教师开展幼儿心理发展研究，有助于自己把所学的教育理论与幼儿心理发展实际结合起来，为提高教育能力、教研能力，实现专业化发展奠定良好的基础。

📑 案例展示

一名实习生的心路历程

实习第一天：我深切地感受到了理想和现实的差距。一直以为幼师是很轻松的职业，整天和孩子一起画画、唱歌、玩耍，踏入这个行业才知道幼儿园的工作十分烦琐。如有个孩子莫名其妙地哭了，有个孩子一直抱着自己的熊娃娃不放，有两个孩子因争抢玩具抓伤了手，还有一些孩子吵闹不休根本不听我的指令……我手足无措，不知该怎样应对。我一次次地怀疑自己，否定自己……

实习第一周："书到用时方恨少"。到了幼儿园，才深切地感受到，不懂幼儿的心理，根本无法开展教育教学活动。幼儿的一哭一笑，甚至一个眼神、一个鬼脸，都需要我用心揣摩。如何与幼儿交流？如何与家长沟通？如何能尽快地适应幼儿园的工作？我需要不断地学习……

实习第一个月：这一个月，我已基本适应了幼儿园的工作。实习是将理论知识与实践应用相结合的重要途径，也是对我两年多专业学习的系统回顾和升华。要做好幼师这项工作，必须了解幼儿的身心发展特点，懂得教育教学的规律，还要具备五大领域的相关知识和技能……

实习四个多月：实习已接近尾声，通过与幼儿交往，以及向其他老师虚心求教，我学到了许多书本上没有的知识，也进一步提升了自己的专业技能。通过实习，我初尝了身为一名幼儿园教师的辛苦与幸福，每天看到孩子们开心的笑容，更坚定了自己当初的选择……我会不断地学习、进步、成长，使自己尽快成为一名合格的甚至是优秀的幼儿教师！

三、幼儿发展心理学的学习方法

（一）抓住学科特点

首先，幼儿发展心理学研究的是幼儿阶段孩子的心理特点和规律，在学习幼儿发展心理学时一定要明确研究对象。幼儿心理发展阶段初期、中期和晚期的心理特点是各不相同的。因此，分析幼儿心理时要明确幼儿所处的时期，了解幼儿初期、中期和晚期的心理发展特点。

其次，了解和把握幼儿发展心理学这一学科的结构特点，获得本学科的总体概要。本学科是以介绍幼儿心理发展特点为主，从幼儿的认识发展特点到幼儿的情感发展特点，从幼儿的社会性发展特点到幼儿个性的形成与发展特点，较系统地阐述了幼儿心理现象的发展历程。本学科从幼儿初期到幼儿中期再到幼儿晚期不同年龄阶段的发展中，生动而具体地论述了各个幼儿发展时期的特点与表现。了解不同时期幼儿心理发展的特点，为幼儿教师理解幼儿发展心理学知识和规律，以及实际工作提供了帮助。

最后，掌握基本知识和基本概念。本学科内容丰富，论述具体，在学习的时候一定要把握学科的体系，了解基本知识点，如幼儿各种心理特点、心理发展规律、各种心理现象的相互关系及基本含义。要理解并掌握基本概念，这是进一步学习幼儿心理发展特点的基础。

（二）观察与实验

观察与实验是学习幼儿发展心理学的重要辅助方法。

幼儿心理的发展特点是在幼儿的生活与活动中表现出来的。对幼儿心理特点的了解，必须建立在对幼儿实际活动进行大量观察的基础上，结合实际观察，才会更加切实地体会和认识幼儿的心理特点。从幼儿的实际活动中学习、体会幼儿发展心理学，是学习这门学科必不可少的环节。

幼儿发展心理学的许多结论是在大量心理实验的研究中获得的，因此实验法也是学习幼儿心理学的一个重要方法。如把等量的两杯水让幼儿比较，幼儿会得出什么样的答案，再把其中的一杯水倒入另一个大杯子进行比较时，幼儿的回答又会是什么。通过这些小实验，我们可以了解幼儿的各种心理发展水平。因此，根据书中的要求或提示，我们不妨做一做小实验来验证一下得出的结论。

第二节　幼儿心理发展研究的内容和方法

一、幼儿心理发展研究的内容

（一）幼儿心理发展的年龄特征

　　幼儿心理发展一般要经历三个阶段：幼儿初期、幼儿中期和幼儿晚期。目前，主要从两个方面来探讨幼儿心理发展的年龄特征。

幼儿心理发展的
一般特征

　　一是幼儿认知过程（智力活动）发展的年龄特征，包括感觉、知觉、记忆、思维、言语、想象等，思维发展的年龄特征是其中最主要的一环。例如在思维发展中，其年龄特征表现为：在幼儿初期，思维仍以直觉动作思维为主，具体形象思维开始萌芽；到了幼儿中期，具体形象思维开始占据思维的主导地位；而到了幼儿晚期，虽然以具体形象思维为主，但抽象逻辑思维已开始萌芽。

　　二是幼儿社会性发展的年龄特征，包括兴趣、动机、情绪、自我意识、能力、性格、人格等，自我意识发展的年龄特征是其中最主要的环节。例如，幼儿自我意识发展的年龄特征表现为：在自我概念方面，幼儿对自己的描绘大多限于身体特征、年龄、性别和喜爱的活动等，几乎不会描述自己的心理特征，如性格；在自我评价方面，3岁幼儿的自我评价还不明显，自我评价开始发生转折在3.5～4岁，5岁幼儿绝大多数已能进行自我评价，但还不能独立进行自我评价，并且评价带有极大的情绪性和笼统性；在自我体验方面，幼儿的转折年龄为4岁，5～6岁幼儿大多数已表现出自我情绪体验，主要特点是，幼儿自我情绪体验由与生理需要相联系的情绪体验（如愉快、愤怒）向社会性情感体验（如委屈、自尊、羞愧感）不断深化、发展，同时又表现出易受暗示性。

（二）影响幼儿心理发展的因素

　　探究影响幼儿心理发展的因素也是幼儿发展心理学研究的一个重要内容。决定个体心理发展的因素主要是遗传与环境的交互作用。就智力发展领域而言，一般认为遗传提供了智力发展的可能性（即发展空间），而环境则是将这种可能性发展转化为现实性（即决定个体智力最终落在发展空间的哪个点上）。探究个体差异与影响幼儿心理发展的因素，不仅有助于揭示幼儿心理发展的机制和原因，也有助于为幼儿的教育与培养提供科学建议，同时还可为营造幼儿健康发展的生态环境提供科学的指导。

（三）揭示幼儿心理发展的原因和机制

研究幼儿心理发展的年龄特征、个体差异及影响因素，其目的之一是要揭示幼儿心理发展的原因和机制，解决心理发生发展的一般理论问题，从而建构心理发展的理论体系。要揭示幼儿心理发展的原因和机制就需要探讨以下几个问题。

① 关于遗传和环境在心理发展中的作用问题。

② 关于心理发展的外因和内因问题。

③ 对于心理不断发展和发展阶段的关系问题。

对幼儿心理发展原因和机制的揭示，一方面有助于幼儿教师更好地掌握幼儿心理发展的规律，另一方面也为幼儿教师对幼儿的科学教育与培养提供了依据。

二、幼儿心理发展研究的原则

（一）客观性原则

客观性原则是指实事求是地根据幼儿心理发展的本来面貌加以考察，根据幼儿的社会生活条件及其身心的发展进行研究。收集资料时，必须在幼儿活动过程中进行，例如在幼儿园实地研究时，应注意尽量不打乱幼儿园正常教育教学计划、日程和作息时间，全面地收集资料；下结论时必须尽可能全面细致地分析事实材料，从中归纳出本质的规律。同时，研究者要考虑实际人员、经费、设备、技术等条件的承受能力，实事求是地选定课题范围。

（二）发展性原则

发展性原则是指用发展的眼光来指导幼儿心理研究，研究不仅要描述幼儿心理发展量的变化，还要揭示发展质的变化，综合考虑内外因统一作用来分析影响幼儿心理发展的因素。将研究的结果作为教育决策部门未来学前教育改革的依据，或者指导学前教育工作者提高保教工作质量的有效方法，帮助幼儿达到其年龄阶段发展的最佳水平，并为其更高一阶段的发展打好基础。

（三）教育性原则

教育性原则是指所采用的研究方法要符合教育要求和道德标准，研究过程和结果应对幼儿身心发展起正面的促进作用，使研究对象受益。任何幼儿心理发展研究都必须符合教育的要求，不允许进行可能对幼儿身心健康造成损害的研究。研究者在选择研究方式和方法时，不仅要考虑所研究的问题是否有效，还要考虑所用的方法是否会对研究对象（幼儿）的身心产生不良影响，或者是否会侵犯幼儿的权利和人格。

（四）理论与实际相结合原则

理论与实际相结合原则是指开展幼儿心理发展研究，要紧密结合本区域或研究对象的实际情况，选择恰当的研究方法，设计合理的研究方案，提高研究的信度和效度，从而使理论研究更好地指导实践，帮助解决幼儿教育实际工作中的问题。例如，在研究中编制测验时，要求幼儿完成的任务、项目、指导语等要考虑幼儿的能力限制，同时要考虑幼儿注意力保持时间较短，不宜设计用时超过 20 分钟的测验。幼儿情绪稳定性差，选择测试的地点应该是幼儿比较熟悉的地方，测试的时机是当幼儿处于相对比较舒适（如不犯困、不饿、不渴、不过度兴奋）的状态下。

三、幼儿心理发展研究的方法

（一）观察法

观察法是通过有目的、有计划地观察幼儿在日常生活、游戏、学习和劳动过程中的表现，包括其言语、表情和行为，并根据观察结果分析幼儿心理发展的规律和特征的方法，是研究幼儿心理发展最基本的方法。幼儿的心理活动有突出的外显性，通过观察其外部行为，就可以了解他们的心理活动。

运用观察法的
注意事项

在运用观察法对幼儿心理进行研究时，有两种特殊的形式，即传记法和活动产品心理分析法。

1. 传记法

传记法就是由幼儿的父母或其他研究者全面观察幼儿心理发展事实，将其自然发生的心理现象，如动作、言语、感知觉、思维、记忆等幼儿观察都加以系统记录，进行研究分析，写成一个幼儿"传记"。这是幼儿心理学发展过程中最早应用的方法，它可以对幼儿心理发展的研究提供一些资料。

2.活动产品心理分析法

活动产品心理分析法是研究者专门观察、分析幼儿的活动产品，如绘画、折纸、手工泥塑、舞蹈，以及创作的故事和儿歌、在游戏中所搭建的积木等，从这些活动产品中了解、分析幼儿心理发展规律。

📎 延伸阅读

陈鹤琴的观察日记片段

第 7 月

第 27 星期

第 186 天

（63）他盯着看他两个堂兄做投子的游戏，后来把他抱到别的地方去，他还转头向着投子的地方。

（64）手眼动作的联合：①醒着躺在床上的时候，把一块毛巾放在他头上遮着他的眼睛，他就用右手抹开，再放上，他又抹开，第三次他就表现出不高兴的样子；②他看见桌上有东西，就伸手去拿；③拿一件东西放在他的眼前，他就伸手去拿，因他动作不很灵敏，不能如成人般活动，所以第一次费了 5 秒半的工夫才拿到那件东西，第二次费了 3 秒，第三次费了 7 秒。

（65）惧怕人多及鼓掌声：今天下午他母亲抱他到某女校赴交际会，刚入门时看见许多的人和听见鼓掌的声音，他就大哭。这个惧怕，是下面三种事件造成的：①生疏的环境；②许多生疏的人；③鼓掌的声音。

（66）他无论拿了什么东西，都要放在嘴里。

（资料来源：陈鹤琴. 儿童心理之研究 [M]. 商务印书馆，2021.）

（二）实验法

实验法是根据研究目的，改变或控制幼儿的活动条件，以引起其心理活动有规律的变化，从而揭示特定条件与心理活动关系的方法。幼儿心理学常用的实验法有两种：实验室实验法和自然实验法。

1.实验室实验法

实验室实验法是在有特殊装备的实验室内，利用专门的仪器设备进行心理研究的一种方法。实验室实验法在研究出生头几个月的婴儿时运用广泛。心理学家们为了研究婴儿的某种心理想象，设计了特殊的装置，如为了研究婴儿的深度知觉而设计的视觉悬崖实验等。实验室实验法最主要的优点是能严格控制实验条件，可以通过特定的仪器探测一些不易观察到的情况，取得有价值的科学资料，如利用微电极技术研究新生儿对语音和其他声音刺激的辨别能力。但实验室条件本身往往使幼儿产生不自然的心理状态，而且也难以研究较复杂的心理现象。

📎 **延伸阅读**

视觉悬崖实验

美国心理学家理查德·沃克（Richard Walk）和埃莉诺·吉布森（Eleanor Gibson）设计的视觉悬崖是一种用来观察婴儿深度知觉的实验装置。视觉悬崖实验，后来被称为发展心理学的经典实验之一。研究者制作了平坦的棋盘式的图案，用不同的图案构造以造成"视觉悬崖"的错觉，并在图案的上方覆盖玻璃板。将23个月大的婴儿腹部向下放在"视觉悬崖"的一边，发现婴儿的心跳速度会减慢，这说明他们体验到了物体深度。当把6个月大的婴儿放在玻璃板上，让其母亲在另一旁招呼婴儿时，发现婴儿会毫不犹豫地爬过没有深度错觉的一边，但却不愿意爬过看起来具有悬崖特点的一边。通过婴儿对视觉悬崖的反应可测量出婴儿对物体特性的认知。

（资料来源：霍克.改变心理学的40项研究[M].白学军，等，译.北京：中国人民大学出版社，2015.）

2. 自然实验法

自然实验法是在儿童的日常生活、游戏、学习和劳动等正常活动中，有目的、有计划地控制某些条件，来引起并研究儿童心理的变化的方法。例如，在正常的教学活动中，要求不同年龄的幼儿讲述相同的图片，以分析各年龄幼儿观察的基本特点，从中发现幼儿观察力发展的趋势。自然实验室的实验整体情境是自然的，因此被试往往可以保持正常的状态，实验获得的结果也比较真实，这与观察法相同。但与观察法不同的是，研究者可以对某些条件进行控制，避免研究者处于被动的地位，所以说，自然实验法兼具观察法和实验法的优点。正因为如此，自然实验法和观察法一样，成为研究学前儿童心理的主要方法。自然实验法的缺点是，由于强调在自然的活动条件下进行实验，实验过程中难免出现各种不易控制的因素。一般而言，自然实验法对条件的控制不如实验室实验法那么严格。

（三）调查法

调查法是通过家长、教师或其他熟悉被调查儿童的人，来了解幼儿心理的方法。调查法一般分为当面调查法和书面调查法。

1. 当面调查法

当面调查可以是个别访问，也可以是开座谈会。个别访问有利于深入了解情况，一般对幼儿的家长采用此法；座谈会有利于集体讨论研究，互相补充情况，一般对托儿所和幼儿园的教师采用此法。当面调查法必须有充分准备，事先拟定调查提纲，要善于向被访问者提出问题。当面调查法的缺点是比较耗费时间，调查结果可能由于受被调查者的记忆、个人偏见及态度的影响而不够准确。

2. 书面调查法

书面调查法，也称问卷法，是用书面形式间接搜集研究材料的一种调查手段。书面调查法的优点是可以在较短的时间内获得大量的资料，便于统计。但是，幼儿心理的情况复杂，有时难以从一些问卷题目上充分反映出来，因此也不能过高估计由此得出的结论。

（四）测验法

测验法是通过一定数量的测验项目和量表来了解儿童心理发展水平的方法。测验主要用来查明儿童心理发展的个别差异，也可用于了解不同年龄幼儿心理发展的差异。幼儿心理测验一般采用个别测验，逐个进行，不宜用团体测验。测验人员必须受过训练，测验中要善于获得婴幼儿的配合，使其表现出真实的心理水平。测验法的优点是比较简便，在较短时间内能够粗略了解儿童的发展状况。但测验法也有缺点，如测验所得往往只是被试完成任务的结果，不能说明达到结果的过程，也就是说测验法无法反映幼儿思考的过程或方式；测验题目很难同时适用于不同生活背景的各种幼儿等。另外，由于幼儿心理活动有极大的不稳定性，任何一次测验的结果，都难以作为最终评定的依据，因此对测验法的争议较大。测验法和儿童心理研究的其他方法一样，只能作为了解儿童心理的方法之一，还应与其他方法配合使用。

第三节　影响幼儿心理发展的因素

影响幼儿心理发展的因素多种多样，归纳起来主要有遗传因素和生理成熟因素、环境因素和教育因素等。现代心理学主要关注这些因素是如何对幼儿的心理发展产生影响的。

影响幼儿心理
发展的因素

一、遗传因素和生理成熟因素

（一）遗传因素

遗传是指祖先的生物特性传递给后代的生物现象。人类祖先的生物特性主要是指与生俱来的解剖生理特点，如人体的形态、构造、血型、头发和神经等特征，其中神经系统的结构与机能对幼儿的心理发展具有重要意义。遗传特性也叫遗传素质。

遗传素质是幼儿心理发展的物质前提，幼儿正是在这种物质前提下形成了自己的心理。遗传作为基本的物质前提对幼儿的心理形成与发展有着非常重要的影响作用。环境和教育对幼儿心理的作用也在一定程度上离不开遗传的影响。

（二）生理成熟

生理成熟是指幼儿身体生长发育的程度或水平。幼儿的生理成熟或发展是有一定顺序的，如幼儿头部发育最早，其次是躯干，再次是上肢，然后是下肢。幼儿动作发展的顺序是先会抬头，然后会翻身，再会坐，会爬，会站，最后才会用腿走路。幼儿先发展手臂动作，后发展手指动作。

生理成熟的顺序性为幼儿心理活动的出现与发展的顺序性提供了基本前提。譬如，幼儿没有学会坐、爬、站，他就不会走路。幼儿不是生下来就会说话的，需要在生理发育成熟时，即 1 岁左右才开始说话。

幼儿生长发育的速度也服从一定的规律。总的来说，婴幼儿期，生长发育很快，之后会减慢，到了青春期，又出现一个迅速生长的过程。在此基础上，婴幼儿的心理发展也很快。由此说明，幼儿心理活动的产生与发展是在一定的生理成熟的基础上实现的。

幼儿的身体发育

📎 延伸阅读

双生子爬楼梯实验

美国心理学家阿诺德·格塞尔（Arnold Gesell）曾经做过一个非常著名的实验：让一对同卵双胞胎练习爬楼梯，即双生子爬梯实验。格塞尔首先选择了一对双胞胎，他们的身高、体重、健康状况都相同。其中一个实验对象（代号为 T）在他出生后的第 46 周开始练习爬楼梯，每天练习 10 分钟。另外一个（代号为 C）在他出生后的第 52 周开始接受同样的训练。两个孩子都练习到他们满 54 周的时候，T 练了 8 周，C 只练了 2 周。

这两个孩子哪个爬楼梯的水平高一些呢？大多数人肯定认为应该是练了 8 周的 T 比只练了 2 周的 C 好。但是，实验结果出人意料——C 在 10 秒内爬上了特制的五级楼梯的最高层，T 则需要 20 秒钟才能完成。

格塞尔分析认为，其实 46 周就开始练习爬楼梯，为时尚早，孩子没有做好准备，所以训练只能取得事倍功半的效果；52 周开始爬楼梯，这个时间就非常恰当，孩子做好了准备，所以训练就能达到事半功倍的效果。

格塞尔原来认为这只是个偶然现象，于是他就换了另一对双生子，结果类似；又换了一对，仍然如此。如此反复地做了上百个对比实验，最终得出的结果是相同的，即孩子在 52 周左右，学习爬楼梯的效果最佳，能够用最短的时间达成最佳的训练效果。此后的几年，格塞尔又对其他年龄段的孩子在其他学习领域进行实验，如识字、穿衣、使用刀叉，甚至将实验领域扩展到成人的学习过程，都得出了相类似的结论，即任何一项训练或教育内容针对某个特定的受训对象，都存在一个"最佳教育期"！

这个实验充分说明生理成熟对于儿童的成长有重要的影响。要尊重孩子的实际水平，在孩子尚未成熟之前，要耐心地等待，不要违背孩子发展的自然规律，不要违背孩子发展的内在时间表，不要人为地通过训练加速孩子的发展。

关键期是与生理成熟有关的问题。许多心理学家发现，幼儿早期动作、语言发展与他们的生理成熟具有一定的相关性。当某种生理机能达到成熟水平时，幼儿获得心理能力的时机就到了。认识和掌握幼儿不同生理成熟的时机，有利于把握幼儿心理发展的契机，即幼儿心理发展的关键期。关键期是由奥地利生物学家康拉德·劳伦兹（Konrad Lorenz）提出的。它是指个体成长的某一段时期，其成熟程度恰好适合某种行为的发展；如果失去或错过发展的机会，以后将很难学会该种行为，有的甚至一生难以弥补。在出生前几年幼儿被剥夺了语言学习的机会，以后他的语言发展将出现困难。因此，应该了解和抓住幼儿心理发展的关键期，对幼儿进行相应的教育。

二、环境因素和教育因素

环境对幼儿心理发展的影响是毋庸置疑的。环境是指幼儿周围的客观世界，包括自然环境和社会环境。阳光、空气、水和花草树木等是保证幼儿身心健康发展的自然环境因素。幼儿所处的社会、生活水平、生活方式、家庭状况等都是影响他们心理形成与发展的社会环境因素。教育作为社会环境中最重要的因素，在一定程度上对幼儿的心理发展水平起着主导作用。

环境对幼儿心理发展的影响，主要指社会生活条件和教育的作用。在不同的社会生活条件和教育条件下，幼儿心理发展会产生截然不同的结果。例如幼儿所处的家庭状况、父母的文化程度以及幼儿生活的不同社区等，都会产生不同的影响。母亲照料孩子的方式会影响孩子社会行为的发展，缺少关怀与照顾的收容机构对幼儿的发展是破坏性的。在那里，幼儿缺乏需要的伙伴，缺少与人交往的良好氛围，因而他们的心理发展受到限制。

幼儿园是幼儿生活、活动的重要场所。在不同教育水平的幼儿园中，幼儿的认知发展能力也相应地有所不同：文化教育条件好的城市幼儿优于文化教育条件落后的乡村幼儿的认知发展水平。文化教育的差异是导致幼儿认知水平差异的一个重要因素。

归纳起来，环境对幼儿心理发展的影响作用主要体现在以下两个方面。

（一）环境因素

随着社会生产力的发展，社会物质文明和精神文明程度的不断提高，社会生活环境为儿童心理发展提供了越来越丰富的刺激，促使幼儿心理发展的水平不断提高。现在的孩子见多识广，能说会道，反应快，有主见，越来越聪明。另外，作为社会生活环境的一个重要方面，家庭环境、父母与子女关系等对幼儿心理的发展也有非常重要的作用。过度的溺爱、父母对儿童活动的限制和包办代替，都会减少儿童对外界刺激的接受量，影响儿童社会性和智力的正常发展。孤儿、单亲家庭的幼儿、父母离异后的幼儿也会因为失去父爱、母爱而影响心理的健康发展。

📋 案例展示

影响成长的因素

舟舟（胡一舟）出生于1978年，患有唐氏综合征，生活不能自理，其父亲是某交响乐团的小提琴手，舟舟从小跟父亲待在乐队。有一天，在交响乐团的一次排练休息时，有人问他想不想指挥，舟舟说"想"，说完他便爬上了指挥台，举起了指挥棒，这就是舟舟指挥生涯的开始，此时的舟舟仅有4岁。很快，他成为一位生活不能自理的天才指挥家！舟舟的父亲并没有刻意培养舟舟，但他发现舟舟喜欢音乐，他的身体里就像住着一个音乐的精灵。"先天愚型儿"和"天才指挥家"是舟舟身上既矛盾又特殊的地方。

在舟舟的成长过程中，先天遗传因素与后天环境各自发挥了什么样的作用？这两种因素又是如何发挥作用的？

（二）教育因素

社会生活环境对幼儿心理发展的主动调控作用是通过教育来实现的。教育是一种有目的、有计划、有系统地对下一代施加影响的过程，它比社会环境中自发的、偶然的、无计划的影响效果要好得多。

幼儿教育是学校教育的基础，是基础教育的有机组成部分。幼儿进入幼儿园以后，大部分时间在集体中接受教育。教师作为社会要求的直接体现者和教育工作的实施者，担负着培养幼儿的重任。教师根据幼儿体、智、德、美全面发展的要求，通过创设情境、设计活动、组织游戏等形式给幼儿提供丰富的刺激，促进幼儿心理的健康发展。

教师在教育活动中可以根据不同的教育内容，充分利用周围环境的有利条件，积极调动幼儿的各种感官，给幼儿提供充分活动的机会。同时可以灵活地运用集体活动和个体活动相结合的形式，有的放矢地进行"因材施教"，让有某种特长的幼儿有充分发挥才能的机会，促使他们进一步提高；让某些方面能力较差的幼儿勇于尝试，在活动过程中得到锻炼，促使每个幼儿都能在原有的水平上得到发展提高。在幼儿园里，教师还可以及时对幼儿表现出的不良行为进行批评教育，促使幼儿形成良好的行为习惯和个性心理品质。

📝 真题练习

一、单选题

1. 下列针对幼儿个体差异的教育观点，不妥的是（　　）。（2018年下半年幼儿园教师资格证考试《保教知识与能力》真题）

A. 应关注和尊重幼儿的不同学习方式和认知风格

B. 应支持幼儿富有个性和创造性的学习与探索

C. 应确保每位幼儿在同一时间达成同样的目标

D. 应对有特殊需要的幼儿给予特别关注

2. 幼儿保育和教育工作从根本上来说是为了满足（　　）。（2022年下半年幼儿园教师资格证考试《保教知识与能力》真题）

A. 家长的教育要求　　　　　B. 上级领导的要求

C. 小学的教育要求　　　　　D. 幼儿发展的需求

3. 通过分析幼儿手工成果来了解其心理的方法是（　　）。（2022年下半年幼儿园教师资格证考试《保教知识与能力》真题）

A. 调查法   B. 自然观察法

C. 实验法   D. 作品分析法

4. 某一时期，儿童学习某种知识和形成某种能力比较容易，心理某个方面的发展最为迅速，儿童心理发展的这个时期被称为（   ）。（2022年下半年幼儿园教师资格证考试《保教知识与能力》真题）

A. 反抗期   B. 关键期

C. 转折期   D. 危机期

5. 下列对儿童的看法，正确的是（   ）。（2022年上半年幼儿园教师资格证考试《保教知识与能力》真题）

A. 儿童是无知无能的

B. 儿童不是微缩的成人

C. 儿童可以按成人的意愿随意塑造

D. 儿童是家庭的私有财产

二、论述题

论述运用观察法研究幼儿心理时应注意哪些问题。（福建省招教真题）

第一章真题练习
参考答案

第二章
幼儿注意的发展

◇ 本章导读

注意是幼儿最主要的心理品质之一。要发挥注意在幼儿心理发展中的作用，需要幼儿教师了解注意的一般规律，尤其是幼儿注意的一般特点，并有针对性地提出培养策略。

为了解注意的一般规律和幼儿注意的特点，并提出适宜的培养策略，首先应掌握注意的概念、功能、分类及幼儿注意发展特点等基本理论，然后再分析幼儿注意的品质，最后对幼儿注意分散的原因及防止措施展开讨论。

◇ 学习目标

素质目标

1. 树立以人为本的职业理念，关爱婴幼儿，尊重个体差异。
2. 形成认真负责、专心致志等良好的心理品质。

知识目标

1. 理解注意的概念、特征、品质及分类。
2. 掌握幼儿注意的特点。
3. 掌握幼儿注意力分散的原因及防止措施。

能力目标

1. 学会分析幼儿注意发展的特点。
2. 学会测评学前儿童注意发展的状况。
3. 能初步设计促进幼儿注意发展的活动方案。

⊕ 思维导图

```
                              ┌── 注意概述 ──┬── 注意的内涵
                              │              └── 注意与心理过程
幼儿注意的发展 ──┤
                              │                    ┌── 幼儿无意注意的发展
                              └── 幼儿注意的发展情况 ─┼── 幼儿有意注意的发展
                                                    ├── 幼儿注意品质的发展
                                                    └── 幼儿注意分散的原因及对策
```

⊕ 情境导入

　　大班第二学期，班上新转来一个名叫阳阳的男孩。阳阳在集体教学活动中注意力很难集中，是个"坐不住的孩子"，有时他会"骚扰"周围的小朋友并打断教师正在进行的活动；对于教师布置的任务，他常常不能很好地完成；他想参与同伴的活动，却因为不适宜的方式而被同伴拒绝了。周围的小朋友常常向老师告他的状。教师对这个经常惹麻烦的孩子也伤脑筋，经常当众批评他，甚至勒令全班的孩子不要理睬他。老师还建议家长带阳阳到医院查查是不是"多动症"。时间一长，在其他孩子的眼中阳阳成了一个调皮、只知道惹老师生气的坏孩子。

　　阳阳在集体教学活动中注意力很难集中，教师当众批评阳阳、孤立阳阳的教育方式对孩子是一种伤害，教师没有真正把握孩子注意力不集中的原因，其实，这和一种心理现象——"注意"有关。注意是什么？幼儿注意的发展规律是什么？应怎样培养幼儿的注意能力，防止其注意力分散？

第一节　注意概述

一、注意的内涵

（一）注意的定义

注意是我们日常生活中比较熟悉、常见的一种现象。当我们在学习或工作时，我们的心理活动或意识总会指向并集中在某一对象上。比如课堂上，学生不是什么都看、都听、都记，而是有选择地去关注那些需要关注的对象，并把自己的精力都集中在所要看、听、记、想的内容上。所以，我们可以说注意就是"关注"，是心理活动对一定对象的指向与集中。

（二）注意的分类

1. 根据注意有没有自觉目的性和意志努力的程度，可以分为无意注意和有意注意两类。

（1）无意注意

无意注意也称不随意注意，就是我们常说的"不经意"，既没有自觉的目的，也不需要做意志的努力。如上课时一个同学迟到，当他走入教室，大家就会不由自主地去注意他。这种注意是被动的、不自觉的，是对环境变化的应答性反应。引起无意注意的原因如下。

①刺激本身的特点（客观原因）。这主要是指周围事物中一些强烈的、新奇的、巨大的、鲜艳的、活动的、反复出现的事物容易引起无意注意。

第一，刺激物的强度。刺激物的强度可以分为绝对强度和相对强度。一方面，如强烈的光线、巨大的声响、艳丽的色彩、浓烈的气味等都会不由自主地引起我们的注意。我们把这种超强度的，使人不得不关注的刺激称为绝对刺激，其强度称为绝对强度。另一方面，如铅笔掉在地板上的声音、窃窃私语、纸被撕碎的微弱声音，若发生在寂静无声的教室，也易引起我们的注意。我们把这种和特定背景相对而言引起注意的刺激称为相对刺激，其强度称为相对强度。因此，在秩序没有建立好的班级，幼儿教师不能一味地靠提高自己的嗓音或声调来引起孩子的注意，而应当先建立良好的班级秩序，安静的游戏、活动环境等。

第二，刺激物间的对比关系。刺激物之间的任何显著差异，都容易引起人们的注意。如"万绿丛中一点红"中的红色和"鹤立鸡群"中的鹤最引人注目。

第三，刺激物的运动变化。变化活动的刺激物比无变化活动的刺激物更容易引起人们的注意。如夜晚中闪烁的霓虹灯等，会更容易引起人们的注意。

第四，刺激物的新异性。如大街上打扮较为新潮的人，动画片中造型奇特的人物，都易引起人们的注意。当然，强烈、新奇等特点只是相对而言的。当一个新奇的东西长期存在或重复出现时，往往也会失去吸引注意的作用。

②人们本身的状态（主观条件）。上述刺激物的本身特点，虽易引起人们的注意，但支配不了人们的无意注意。同样的事物会引起这个人的注意，却不一定会引起另一个人的注意，这取决于人们不同的主观条件。这些条件主要是指人对事物的需要、兴趣、态度，以及个人的情绪状态。一个人感兴趣的，或符合一个人倾向性的事物容易引起他的注意。幼儿在自选游戏活动中，首先会不由自主地注意他最感兴趣的玩具。一个闷闷不乐的人，任何事物都难以引起他的注意。此外，无意注意也和一个人的经验、对事物的理解及机体状态（如饥、渴等）有关。例如，饥肠辘辘的人，美食最容易引起他的无意注意。

掌握无意注意的条件对提高教学质量，提高学习、工作的效率等都有一定意义。

案例展示

利用无意注意促进教学

陈老师是一名非常年轻的老师。今天是她第一次上公开课，她穿着漂亮、艳丽的新衣服，早早地来到教室，并把黑板边缘用彩色粉笔装饰得五彩斑斓。

上课时，陈老师先宣布了期中考试的成绩，并鼓励同学们再接再厉。在正式讲课中，陈老师言语平静、流畅，因为她前期做了非常充足的备课准备，所以在上课时不由得加快了讲课的速度。正当陈老师专心致志地讲课时，偶然发现有个别同学在开小差，她立即点名批评，制止了这种不良行为，然后继续上课。

通过对上述案例的分析，可以得出以下结论。

①陈老师穿着漂亮、艳丽的新衣服，用彩色粉笔装饰黑板边缘，这样做会分散学生对学习的注意力，使学生上课时更多地去关注这些与学习无关的内容。

②上课时，陈老师先宣布期中考试成绩，不仅会让学生更关注考试的结果，也会影响考试成绩不好的学生的情绪，不利于学生将注意力集中在接下来的学习上。

③陈老师发现有同学开小差时，立即点名批评、制止不良行为的做法会分散学生的注意力，不利于课堂教学的连贯性和流畅性。

（2）有意注意

有意注意也叫随意注意，是指有预定目的，也需要做意志努力的注意。例如，一个学生正在思考学习上的某一问题时，旁边有人在谈论某一趣闻轶事，他被吸引住而停止思考，去听人家讲述，这是无意注意；当他猛然地意识到学习必须专心致志，就断然不听别人的谈话，聚精会神地思考原来的问题，这种服从于预定目的，而且经过一定意志努力的注意，就是有意注意。有意注意是一种积极主动、服从于当前活动任务需要的注意，属于注意的高级形式，它受人的意识的调节和控制，是人类所特有的一种注意。有意注意虽然目的性明确，但在实现过程中需要有持久的意志努力，这容易使个体产生疲劳。

保持有意注意的条件

2. 根据注意的对象存在于外部世界或个体内部，可以把注意分为外部注意和内部注意两类。

（1）外部注意

外部注意的对象存在于外部世界。外部注意是心理活动指向、集中于外界刺激的注意。就幼儿而言，他们的注意常常是外部注意占优势。

（2）内部注意

内部注意的对象是存在个体内部的感觉、思想和体验等。内部注意是指向自己的心理活动和内心世界的注意。内部注意对幼儿自我意识的发展有重要意义。良好的内部注意使人能清楚地认识自己、评价自己、调节自己，从而实事求是地悦纳自己。内部注意对人的道德、智慧和审美能力的发展也有重要作用。

（三）注意的功能

注意具有以下三个功能：

第一，选择功能。它使人在某一瞬间选择具有意义的、符合活动需要的客观事物，避免或抑制无关刺激。

第二，保持功能。它使人的心理活动持续保留在所选择的对象上，保证活动的顺利进行。

第三，调节与监督功能。它使人的心理活动沿着一定的目标和方向进行，并根据当前需要做出适当分配和及时转移，以适应瞬息万变的客观环境。

（四）注意的外部表现

人在集中注意于某个对象时，常常伴有特定的生理变化和外部表现。注意的最显著的外部表现有以下几种。

1. 适应性运动

人在注意听一个声音时，把耳朵转向声音的方向，即所谓"侧耳倾听"。人在注意看一个物体时，把视线集中在该物体上，即所谓"目不转睛"。当人沉浸于思考或想象时，眼睛朝着某一方向"呆视"着，周围的一切变得模糊起来，而不致分散注意。

2. 无关运动的停止

当注意力集中时，一个人会自动停止与注意无关的动作。如小朋友在注意听故事时，他们会停止做小动作或交头接耳，表现得异常安静。

3. 呼吸运动的变化

人在注意时，呼吸变得轻微而缓慢，而且呼吸的时间也会改变。一般来说，吸得更短促，呼得更长。在注意紧张时，还会出现心跳加速、牙关紧闭、紧握拳头等，甚至出现呼吸暂停的现象，即所谓"屏息"。

教师可以通过观察幼儿的外部表现来了解幼儿是否集中注意，但要真正了解幼儿的注意情况，还需全面了解幼儿的一贯表现。

二、注意与心理过程

注意不是独立的心理过程，它总是与人的其他的心理活动相伴随而进行。在日常生活中注意一词后面总要跟一个与心理活动有关的字眼，如注意看、注意听、注意记、注意想等。我们在清醒时所有的活动都必须有注意的参与，注意与我们的看、听、说、想、记等心理活动密不可分，没有注意的参与，这些心理活动都无法很好地进行。学生上课不注意听，就不能有效地掌握老师所教的知识，幼儿走路不注意看就会出现危险。因此，注意对人们获得知识、掌握技能、思考问题、完成各种智力活动和实际操作活动起着重要的保证作用。

案例展示

注意对教育的影响

在小班幼儿高兴地参观完幼儿园后，幼儿刚喝完水，教师就迫不及待地进入了谈话活动。教师问："你们都在幼儿园看到了什么？"（没有幼儿举手，但有幼儿自言自语）教师走到一位小男孩面前请他说。他说："我看见了树和房子。"教师再问："其他小朋友看见了什么？"（有两三名幼儿举手）教师发现刚才的男孩又举了手，马上说："你举手发言真积极！"说着，教师奖励给他一朵小红花。但大多数孩子对教师的做法无动于衷，谈话匆匆结束。

从该案例中我们可以看到，幼儿喝水后思维正处于松散状态，注意力未能集中到教师的提问当中来，教师的问题未能引起他们的注意。教师只得走到幼儿前面，请幼儿回答。小男孩回答后，教师再次提问，但还是没能把幼儿的注意力转移过来，举手的幼儿寥寥无几。教师发现了前面回答的小男孩也在举手之列，于是进行了奖励，但奖励小红花也没有带来转机。幼儿的注意力在有兴趣的活动后，难以在教师的话题上集中。所以，对小班幼儿而言，一个兴趣活动刚结束，他们的注意力需要的是轻松自然的放松，而不是注意力较为集中的思维活动。

注意不是一种独立的心理过程，但它与心理过程不可分割，注意总是伴随着各种心理现象的发生。1岁前儿童注意的发展，主要表现在注意选择性的发展方面；1～3岁儿童注意的发展和儿童认知的发展密切联系，特别是和表象与语言的开始发展密切联系；3～6岁儿童注意发展的特征是无意注意占主要地位，有意注意逐渐发展。

第二节　幼儿注意的发展情况

一、幼儿无意注意的发展

（一）小班幼儿的无意注意发展

新异、强烈及活动着的刺激物很容易引起小班幼儿的注意。他们入园后经过一段时间的适应，对于喜爱的游戏或感兴趣的学习活动也可以聚精会神地进行。但是，他们的注意很容易被其他新异刺激吸引，也容易转移到新的活动中去。

📑 **案例展示**

转移的注意力

在"抱娃娃"游戏中，开始幼儿会把自己当成娃娃的妈妈，耐心地喂饭；但当他转身去拿"饭"时，发现其他小朋友正在沙坑里搭起一座"小花园"，注意便一下转到"小花园"，而走到沙坑去玩了。小班幼儿的注意很不稳定，因此当一个幼儿因为得不到一个玩具而哭闹时，教师可以让他和别的幼儿玩其他游戏，以转移他的注意。这时，他的脸上虽然还挂着泪珠，但是很快就高兴地玩起来了。

（二）中班幼儿的无意注意发展

中班幼儿对于有兴趣的活动，能够很长时间地保持注意。例如，玩"拔萝卜"游戏时，幼儿一旦进入老师所创设的情境就会投入角色中，在游戏中能够较长时间根据情节保持注意，玩个不停。在区角活动中，中班幼儿对感兴趣的活动也可以长时间地积极参与。他们的注意不但能持久、稳定，而且集中的程度也相对小班幼儿较高。

（三）大班幼儿的无意注意发展

大班幼儿对于有兴趣的活动，能比中班幼儿更长时间地保持注意。直观、生动的教具可以引起他们长时间的探究。中途突然中止他们的活动，往往会引起他们的反感。同样，大班幼儿可以较长时间地听教师讲述有趣的故事，不受外界的干扰，对于影响讲述的因素会明显地表现出不满，而且设法加以排除。大班幼儿的无意注意已高度发展，相当稳定。

二、幼儿有意注意的发展

（一）小班幼儿有意注意的发展

小班幼儿逐渐能够依照要求，主动地调节自己的心理活动，指向并集中于应该注意的事物上。但有意注意的稳定性很低，心理活动不能有意地持久集中于一个对象上。在良好的教育条件下，一般也只能集中注意3～5分钟。此外，他们注意的对象也比较少。例如，上课时，教师引导幼儿观察图片，幼儿往往只注意到图片中心十分鲜明或者十分感兴趣的部分，对于边缘部分或背景部分常不注意。所以为小班幼儿制作图片时，内容应尽量简单、明了，突出中心；呈现教具时也不能一次呈现过多。此外，教师还要具体指出应注意的对象，使幼儿明确任务，以延长幼儿注意的时间，并注意到更多的对象。

（二）中班幼儿有意注意的发展

在适宜条件下，中班幼儿注意集中的时间可达到 10 分钟左右。在短时间内，中班幼儿还可以自觉地把注意集中于一种并非十分吸引他们的活动上。例如，上图画课时，为了画好图，他们可以注意看示范图并且耐心听老师讲解，然后自己作画。又如，为了正确回答教师提出的计算问题，他们能够集中注意，默数贴在绒布上的图形数目或者点数自己的手指或实物。

（三）大班幼儿有意注意的发展

在适宜条件下，大班幼儿注意集中的时间可延长到 15 分钟左右。这时，他们就能够按照教师的要求去组织自己的注意。在观察图片时，他们不仅可以了解主要内容，也可以在教师的提示下或自觉地去关注图片中的细节和衬托部分。就外部注意和内部注意来说，大班幼儿不仅能注意外部的对象，对自己的情感、思想等内部状态也能予以注意。听故事时，他们可以根据自己的体验去揣测故事中人物的心理活动和内心想法。有时在下课后，他们还会找教师讲述一些课堂上的问题及自己的想象和推测等。这说明大班幼儿的有意注意已有相当发展。

三、幼儿注意品质的发展

注意的品质包括：注意的稳定性、注意的范围、注意的转移和注意的分配。在幼儿期，儿童的注意品质能在良好的教育下不断发展。

（一）注意的稳定性

注意的稳定性是指注意在同一对象或同一活动上所持续的时间，影响注意稳定性的因素有以下几种。

注意的起伏和注意的分散

1. 对象本身的特点

如果注意的对象内容丰富，复杂多变，注意就容易稳定；反之，那些内容贫乏、单调和静止的对象，就难以维持稳定的注意。

2. 活动的内容及活动的方式

在复杂而持续时间长的活动中，必须适当地变化活动的内容和方式，才能维持稳定的注意。

3. 主体状态

一个意志坚定、善于控制自己的人，一个对事物抱有积极态度、对活动

内容有着浓厚兴趣、对目的任务明确的人，能和各种干扰作斗争，保持稳定的注意；反之，如果一个人意志薄弱，对活动的目的任务不明确，缺乏兴趣，或处于身体有病、过度疲劳或心境不佳等状态，就难以使注意保持稳定。

就幼儿而言，在良好的教育影响下，幼儿注意的稳定性在不断发展。幼儿对生动有趣的对象可以较长时间地注意，但对乏味枯燥的对象难以维持注意。同时，幼儿注意的稳定性还比较差，更难以持久地、稳定地进行有意注意。一般而言，小班幼儿只能稳定地集中注意 3 ~ 5 分钟，中班幼儿可达 10 分钟，大班幼儿可延长到 15 分钟左右。

🦃 趣味活动

在复述性游戏中训练幼儿注意的稳定性

让孩子看图画书 15 分钟，或看一集动画片，立即合上书或关上电视，要求孩子复述故事，可训练幼儿注意的稳定性。为防止孩子摸准你的要求后只看个梗概就走神，可灵活安排"复述"内容。比如提几个主要问题，要求孩子把刚看过的动画角色画下来，一家人分饰其中的几个角色进行表演。如果孩子只能完成全部任务的一半以下，可让他重看图画书或动画片。渐渐地，孩子就会逐步理解集中注意力的必要了。

这样的活动能有效提高孩子的注意力，游戏的形式也符合孩子的心理特点，孩子玩起来积极性很高。每天坚持玩一会儿，孩子的注意力就会有所提高。

（二）注意的范围

注意的范围也叫注意的广度，是指在同一瞬间所把握的对象的数量。成人在 0.1 秒的时间内，一般能够注意到 4 ~ 6 个相互间无联系的对象，而幼儿只能把握 2 ~ 3 个对象。所以，幼儿的注意广度比较狭窄。不过，随着年龄和知识经验的增长及生活实践的锻炼，幼儿注意的广度会逐渐扩大。

影响注意广度的因素有以下两个方面。

1. 刺激物的特点

如用极快的速度给幼儿呈现字母，颜色相同时注意广度就大，颜色不同时注意广度就小；排成一行时注意广度就大，杂乱无章分散排列时注意广度就小；字母的大小相同时注意广度就大，大小不同时注意广度就小等。

2. 刺激物的集中程度

由于呈现给幼儿的刺激物越集中，排列得越有规律，越能成为互相联系的整体，幼儿的注意广度就越大，因此幼儿教师要适时、恰当地运用这一规律。在活动之前，教师还应当让幼儿明确活动的任务，丰富幼儿的知识经验。

🐦 **趣味活动**

在扑克游戏中训练幼儿注意的广度

取三张不同的牌（去掉花牌），随意排列于桌上，如从左到右依次是梅花2、黑桃3、方块5，选取一张要记住的牌——如梅花2，让幼儿盯住这张牌，然后把三张牌倒扣在桌上，由家长随意更换三张牌的位置，然后，让幼儿报出梅花2在哪里，如果猜对了，就获胜。随着幼儿能力的提高，家长可以增加难度，如增加牌的数量，增加变换牌的位置的次数和提高变换牌位置的速度等。

（三）注意的转移

注意的转移是指有意识地调动注意，从一个对象转移到另一个对象，这反映了注意的灵活性。小班幼儿不善于灵活转移自己的注意，以致该注意另一对象时，注意难以从原来的对象移开。大班幼儿则能够随要求而比较灵活地转移自己的注意。

（四）注意的分配

注意的分配是指在同一时间内把注意集中到两种或两种以上的对象上。注意分配的条件包括两点。

1. 有熟练的技能技巧

有熟练的技能技巧也就是说，在同时进行的多项活动中，只能有一项是生疏的，需要集中注意于该活动上，而其余动作必须已达到一定的熟练程度，稍加留意即能完成。

2. 有联系的活动内容

如果几种活动之间没有内在联系，同时进行几种活动就比较困难。当它们之间形成某种反应系统后，组织更加有合理性时，注意分配就容易完成。

幼儿还不善于同时注意几种对象，往往会顾此失彼。但幼儿晚期，注意的分配能力逐渐提高。为了更好地促进幼儿注意力的分配，老师应当把活动拆分为不同部分，让幼儿分别熟悉。如幼儿做体操时，首先要熟悉自己的动作，熟悉音乐节奏，听明白老师的口令，这样才能注意到体操队形是否整齐。

四、幼儿注意分散的原因及对策

（一）幼儿注意分散的原因

注意分散是在需要注意的情况下使注意离开了原来的对象，失去了对应该指向和集中的注意对象的稳定性，造成分心。造成幼儿注意分散的原因有很多，主要有以下几种。

1. 无关刺激过多

幼儿的注意中无意注意占优势，他们容易被新异的、多变的或强烈的刺激物所吸引，再加上他们注意的稳定性较低，容易受到无关刺激的影响。例如，活动室的布置过于花哨、更换的次数过于频繁，教学辅助材料过于有趣、繁多，环境过于喧闹，甚至教师的服饰过于奇异，都可能影响幼儿的注意，使他们不能把注意集中于应该集中的对象上。实验表明，让幼儿自己选择游戏时，一般以提供 4 ～ 5 种不同的游戏为宜。提供太多的游戏，幼儿既难以选择，也难以集中注意玩好游戏。

2. 疲劳

幼儿神经系统的耐受力较差，幼儿长时间处于紧张状态或从事单调活动时，便会产生疲劳，降低觉醒水平，起初表现为无精打采，随之注意力开始涣散。造成疲劳的另一重要原因是作息不规律、不科学。所以，幼儿教师要注意对幼儿的教学活动设计应动静搭配，时间不能过长，内容与方法要力求生动多变，能引起儿童兴趣，从而防止幼儿疲劳和注意涣散。家长也要注意把握好幼儿的生活作息，要保证幼儿拥有充足的睡眠，这样才可以防止疲劳。

3. 目的要求不明确

教师对幼儿提出的要求不具体，或者活动的目的不能为幼儿所理解，也是引起幼儿注意涣散的原因。幼儿在活动中常常因为不明确应该干什么而左顾右盼，注意力动摇，影响其从事活动的积极性。

4. 注意不善于转移

幼儿注意的转移品质还没有充分发展，因而不善于依照要求主动地转移自己的注意。例如，幼儿听完一个有趣的故事，可能长久地受到某些生动的内容情节的影响，注意难以迅速地转移到新的活动上去，因而从事新的活动时，往往还想着前一活动，而出现注意分散的现象。

5. 未同时注意幼儿的无意注意和有意注意

教师只注意到幼儿的一种注意形式，也能引起注意分散。例如，在课堂上，教师仅用模型吸引幼儿的无意注意，当模型失去新颖性时，幼儿便不再注意。如果教师只是强调有意注意，忽视幼儿的兴趣和发展特点，也会引起幼儿疲劳，导致注意分散。

6. 缺乏兴趣和必要的情感支持

兴趣、成功及他人的关注等因素可以构成活动的动机。对幼儿来说，这些因素会直接影响他们活动时的注意状况。例如，活动内容过难，幼儿可能会因为不理解或获得成功的可能性太小而失去兴趣和积极性；活动内容太容易，也会因为缺乏新颖性、挑战性而降低对幼儿的吸引力。如果幼儿过多，教师和幼儿之间必要的感情交流会变得很少，幼儿也会因为得不到教师的关注和情感支持而丧失活动的积极性。另外，教师若对教育过程控制得过多、过死，使幼儿缺乏积极发挥创造性和实际操作的机会，或者教育过程呆板少变化、活动要求不明确等都可能导致幼儿的注意涣散、不集中。

🐤 趣味活动

儿童听觉注意力的测查训练方法

听到动物就拍手：猫、桌子、钱包、狗、老虎、苹果、大象、台灯、茶杯、螳螂、麻雀……

听到能装水的词就拍手：盆、电灯、桶、棍子、碗、壶、桌子、盘子、铅笔、书、瓦罐……

听到水里的动物就拍手：鲤鱼、老虎、青蛙、鸡、鸭、长颈鹿、鲸鱼、鲨鱼、海豹……

听到用来写字的东西就拍手：钢笔、尺子、橡皮、铅笔、球、毛笔、钱包、手表、硬币、电笔、三角板、蜡笔……

听到食物拍一下手，听到动物拍两下手：巧克力、铅笔、蛋糕、企鹅、电灯泡、连环画、马、骆驼、冰棍儿、汽车、玩具手枪、苹果、兔子、花生、鸡、眼睛、碗、盘子、米饭、孔雀、狼、手表……

要求儿童在掌握词的分类的基础上做出正确反应，正确率越高，说明儿童的听觉注意力越好。

（二）幼儿注意分散的对策

1. 防止无关刺激的干扰

游戏时不要一次呈现过多的刺激物；上课前应把玩具、图画书等收起放好；上课时运用的挂图等教具不要过早呈现，用过应立即收起来；对年幼的儿童更不要出示过多的教具。教师的衣饰要整洁大方，不要有过多的花饰，以免分散儿童的注意。儿童所处的环境中，光线和声音都不要太强，尤其要注意环境的干净整洁。

正确区分幼儿的
多动与好动

2. 灵活运用无意注意和有意注意

注意的发展，尤其是有意注意的发展，对幼儿的记忆、想象、思维的发展具有重要意义，同时也是个体完成任何有目的的活动的重要前提。但有意注意需要一定的意志努力，很容易引起疲劳，无意注意容易引发但不持久。所以，教师在组织教育活动时，要根据教学内容和幼儿的注意发展水平，灵活地运用两种注意方式。

3. 提高教学质量

总是使用一种方式进行单调的教学，会引起幼儿大脑的疲劳，教师要积极提高教学质量，把握幼儿的注意，这是防止幼儿注意分散的重要保证。教师要多方面改善教学内容、改进教学方法，所用的教具要色彩鲜明，能吸引幼儿的注意，所用的图片要突出中心，所用的语言要形象生动，能为幼儿所理解。此外，教师要积极引起幼儿的兴趣，激发他们旺盛的求知欲、好奇心及良好的情感态度，以促进幼儿持久集中注意，防止注意受到干扰而涣散。

4. 积极开展游戏活动

幼儿的注意受直接兴趣和情绪状态的制约。他们对喜欢的游戏常表现出长时间的注意，因此可以经常有意识地组织幼儿开展一些有趣的游戏，通过一系列有趣的游戏来保持幼儿注意的稳定性。教师还应积极主动地同幼儿一同游戏，引起幼儿的兴趣。在游戏中，幼儿是非常愿意与教师交流的，只要有教师的参与，幼儿的兴趣就会增加，注意也会更加集中。

5. 加强语言的艺术性

教师要善于利用特殊的刺激物——语言来吸引幼儿的兴趣，使他们集中注意地听。教师的语言应尽量做到形象生动、幽默有趣，以便吸引幼儿的注意。在语言活动中教师的讲述技巧也很重要，语调应抑扬顿挫、富有感染力，从而吸引幼儿的注意力。对个别注意力极容易分散的幼儿可用暗示、提问转移注意等方法来稳定其注意。

6. 注意个体差异

幼儿注意的发展存在明显的个体差异，教师需要对不同的幼儿采取不同的方法，区别对待。神经系统活动过于兴奋的幼儿，注意很难持久和集中。对这种类型的幼儿应加强注意稳定性的训练，可以为他们安排一些安静的活动，如拼图等。

延伸阅读

环境对幼儿注意的影响

小蓝是一名大班的学生，平时学习认真，最近在课上却不如以前听课认真，老师布置的作业也不能按时完成。班主任老师看到小蓝的反常情况，耐心地询问小蓝有什么问题。小蓝就把自己的情况告诉了老师。原来，小蓝的父母下岗后，开了一个小店。小店的生意越做越好，小店也换成了大店，但是，问题也就随之而来。父母不仅开店时没有时间照顾小蓝，而且一回到家里，不是看电视，就是邀请人玩麻将。小蓝受父母的影响，学习越来越没有积极性，也不那么专心了。

平平的妈妈每天抽出时间和孩子一起学习。平平做作业时，妈妈就在一边静静地看书，妈妈还对平平说，"这叫共同学习，共同进步"。当平平学习遇到疑难问题时，就请教妈妈给予提示。在妈妈的帮助下，平平不仅能专心学习，而且即使妈妈临时有事不能陪平平一块儿学习，他仍然会按时学习，而且学习时非常专心。

以上两个例子说明，只有父母尽力排除使孩子分心的因素，给孩子创造一个安静、独立的学习环境，孩子才能在学习中集中注意力，养成良好的学习习惯。孩子在学习时，如果大人走来走去，说这讲那，甚至听广播、看电视，就会严重地分散孩子的注意力。所以，孩子学习时，家长也最好坐下来，看书读报，或做一些不分散孩子注意的事情。

家长为孩子创造一个安宁整洁的环境，是孩子学习时集中注意力的必要条件。孩子的学习环境也应力求固定。有条件的家庭最好能让孩子有一个固定的学习空间，没有条件的家庭也要力求做到家长的活动不影响孩子的学习。

📝 真题练习

单选题

1. 幼儿期注意发展的特点是（　　　）。（2021年下半年幼儿园教师资格证考试《保教知识与能力》真题）

A. 无意注意占优势，有意注意逐渐发展

B. 有意注意占优势，无意注意逐渐发展

C. 无意注意逐渐发展，有意注意未出现

D. 有意注意逐渐发展，无意注意未出现

2. 幼儿认真完整地听完教师讲的故事，这反映了幼儿注意的什么特征（　　　）。（2019年上半年幼儿园教师资格证考试《保教知识与能力》真题）

A. 注意的选择性   B. 注意的广度

C. 注意的稳定性   D. 注意的分配

3. 户外游戏时，小明在草地上发现了几只瓢虫。他开心极了，旁边的小朋友也围了过来，一起数瓢虫背上有多少个点，还把瓢虫放在手心让它慢慢爬。这时，老师走过来对他们说："脏死了，快扔掉！"小明立即扔掉了瓢虫。该老师的做法违背的是（　　　）。（2020年下半年幼儿园教师资格证考试《综合素质》真题）

A. 幼儿发展的渐进性   B. 幼儿发展的阶段性

C. 幼儿发展的差异性   D. 幼儿发展的可塑性

4. 下列选项中不符合蒙台梭利教育观念的是（　　　）。（2022年上半年幼儿园教师资格证考试《保教知识与能力》真题）

A. 儿童存在着与生俱来的"内在生命力"

B. 教育应让儿童获得自然的和自由的发展

C. 幼儿教师是揭示儿童内心世界的观察者

D. 自由游戏是儿童学习的主要方式

5. 孤独症儿童的典型特点不包括（　　　）。（2023年上半年幼儿园教师资格证考试《保教知识与能力》真题）

A. 言语发展迟缓   B. 对人缺乏兴趣

C. 胆小怕生   D. 重复性的刻板行为

第二章真题练习
参考答案

第三章
幼儿感知觉的发展

◇ 本章导读

　　人的心理现象是人脑对客观现实的反映，客观现实是丰富多彩的，人的心理现象也必然是复杂多样的。感觉和知觉是人对客观世界认识的开始，是比较简单却十分重要的心理现象。人在感觉和知觉的基础上，才能形成记忆、想象、思维等一系列复杂的心理过程，才能更进一步认识客观事物。幼儿的感觉主要表现在视觉、听觉和触觉的发展上，而幼儿的知觉则主要体现为空间知觉和时间知觉的发展。

　　观察力是一个人有目的、有计划的系统的感知能力，可根据幼儿观察力的特点发展其观察力。

◇ 学习目标

素质目标
1. 树立以人为本的职业理念，关爱幼儿，因材施教。
2. 养成实事求是、认真严谨的治学态度，提高职业认知能力。

知识目标
1. 理解感知觉的概念和分类。
2. 掌握幼儿感知觉发展的规律。
3. 掌握培养幼儿观察力的方法。

能力目标
1. 学会分析幼儿感知觉发展的特点。
2. 学会测评幼儿观察力的发展状况。
3. 能初步设计促进幼儿感知觉发展的活动方案。

◇ 思维导图

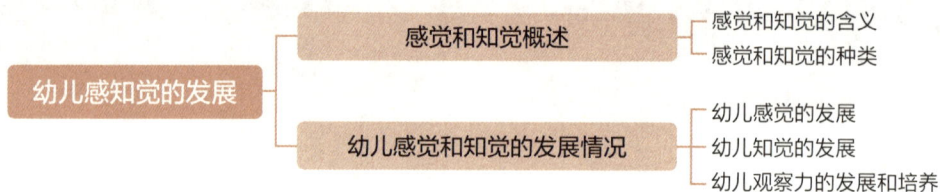

◇ 情境导入

　　P博士是一名杰出的音乐家和歌唱家。他本来很正常，后来在上课的过程中，突然出现了一系列的怪异现象。最开始是他认不出学生了，觉得他们都很陌生。不过只要学生一开口，就还能知道他们是谁。经过神经科医师检查，P博士的视觉是没有问题的，只不过他无法把看到的事物正确识别出来。比如我们看一朵玫瑰就是一朵玫瑰，让他看，他却觉得很困惑，说那是"一个缺乏简单对称性的复杂红色多面体附着一根线形的绿色物体"。他也会把大街上各种树木和设施看成人脸，走上去和它们交谈。有一次，他甚至把自己的妻子当成了帽子，猛地拉过来往自己头上戴！

　　神经学家经过研究认为，P博士有着正常的视觉能力，只不过在对视觉解读上出了问题，他看到的是一个几乎抽象的世界，却不知道看到的具体是什么。也就是说，并非视觉，而是他大脑的知觉出了问题。

第一节 感觉和知觉概述

一、感觉和知觉的含义

（一）感觉的含义

感觉是人脑对直接作用于感觉器官的客观事物的个别属性的反映。例如，我们面前放着一个苹果，我们是怎样认识它的呢？我们用眼睛看，知道它有红红的颜色，圆圆的形状；用嘴去咬，知道它是甜的；拿在手上掂一掂，知道它有一定的重量。我们的大脑接受并加工了这些属性，进而认识了这些属性，这就是感觉。

🔗 知识拓展

感觉的适宜刺激

人的各种感受器是在漫长的进化过程中发展而成的，分别反映事物的不同属性。如视感受器专门反映客体的光刺激；听感受器专门反映客体的声刺激。能够引起某种感受器反应的刺激，就是该种感受器的"适宜刺激"。但是客观事物必须直接作用于感受器，影响人脑，才能产生感觉；一旦客观事物停止作用于感受器，感觉便不再产生。

（二）知觉的含义

任何客观事物，其个别属性都不是孤立存在的，而是由多种属性有机结合起来构成一个整体。如我们面前有一枝花，我们并非孤立地反映它的红色、多刺的枝干……而是通过脑的分析与综合活动，从整体上同时反映出它是一朵玫瑰花，这就是知觉。

知觉是人脑对直接作用于感觉器官的客观事物的整体反映，其实质是说明作用于感官的事物"是什么"这个问题。

（三）感觉和知觉的区别和联系

感觉和知觉是紧密联系而又有区别的心理过程。

感觉和知觉都是人脑对当前直接作用于感觉器官的客观事物的反映，离开了客观事物对人的作用，就不会产生相应的感觉与知觉。事物的整体是事物个别属性的有机结合，对事物的知

正确区分感觉与知觉

觉也是反映事物个别属性的感觉在大脑中的有机结合。由此看来，感觉是知觉的基础。没有感觉也就没有知觉。感觉越精细、越丰富，知觉就越准确、越完整。

同时，事物的个别属性总是离不开事物的整体而存在，所以实际上，我们绝不会脱离花而孤立地看花的颜色，任何颜色必然是某种物体的颜色。当我们感受到某种物体的颜色或其他属性时，实际上已经知觉到该物的整体。离开知觉的纯感觉是不存在的。反过来，要知觉整个物体，又必须首先感觉到它的色、形、味等各种属性及物体的各个部分。人总是以知觉的形式直接反映事物，感觉只是作为知觉的组成部分存在于知觉之中，很少有孤立的感觉。因此，我们通常把感觉和知觉统称为感知觉。在心理学中为了科学分析的方便，才把感觉和知觉划分出来进行研究。

另外，知觉还包含其他一些心理成分。过去的经验及人的倾向性常常参与在知觉过程中，因而当我们知觉一个对象时，可以做出不同的反映。例如，一座山，画家觉得它为写生的对象，着重反映它的造型；地质学家觉得它为矿藏资源的特征，着重于如何去挖掘、开发；旅游学家觉得它为美丽的风景区，着重于如何开发这片丰富的旅游资源。

二、感觉和知觉的种类

（一）感觉的种类

1. 外部感觉

外部感觉，有视觉、听觉、嗅觉、味觉和肤觉五种。这类感觉的感受器位于身体表面，或接近身体表面的地方。

①视觉，是人类可以看得到的光波；可以分辨出光的颜色、强弱，光源的位置和移动等。

②听觉，是人类能听到物体振动所发出的 20 ~ 2000 Hz 的声波；可以分辨出声音的音调（高低）、音强（大小）和音色（波形的特点），通过音色人们可以分辨出哪是火车的声音，哪是汽车的声音，能够分辨出熟人的说话声，甚至走路声；还可以确定声源的位置、距离和移动。

③嗅觉，是挥发性物质的分子作用于嗅觉器官的结果，通过嗅觉人们也可以分辨物体。

④味觉，是溶于水的物质作用于味觉器官（舌）产生的。味觉有甜、酸、

咸、苦等四种不同的性质。

⑤肤觉也称触觉，是具有机械的和温度的特性物体作用于肤觉器官引起的感觉。肤觉分为痛、温、冷和触（压）四种基本感觉。

2.内部感觉

内部感觉，有运动觉、平衡觉和机体觉三种，反映机体本身各部分运动或内部器官发生的变化。这类感觉的感觉器位于各有关组织的深处（如肌肉）或内部器官的表面（如胃壁、呼吸道）。

①运动觉，反映人们四肢的位置、运动及肌肉收缩的程度。运动觉的感受器是肌肉、筋腱和关节表面上的感觉神经末梢。

②平衡觉，反映头部的位置和身体平衡状态的感觉。平衡觉的感受器位于内耳的半规管和前庭。

③机体觉，反映机体内部状态和各种器官的状态。它的感受器多半位于内部器官，分布在食道、胃肠、肺、血管及其他器官。

延伸阅读

常见的否定孩子感觉的行为

1.一个孩子摔倒了，他哇哇大哭，照料他的成人赶紧上前把他扶起来，对他说："不疼不疼，别哭了。"这算是比较好的做法。糟糕的做法是，照料者直接训斥孩子说："摔这么一下就哭了，你怎么这么没骨气！"

2.冬天来了，孩子要出门，他已穿了一件厚厚的外套，但妈妈说："天冷，再加一件外套吧。"

"我不冷，穿得够多了。"孩子回答说。

"我都冷，你怎么会不冷？"妈妈训斥他，并不由分说又给孩子加了一件外套。

3.孩子已经吃饱了，但大人仍要他继续吃饭，孩子只好忍耐着继续吃饭。

上面的三个例子都是在否认一个孩子的感觉。摔倒了，孩子感到疼，这种疼的感觉会自动让他形成自我保护的意识；降温了，冷，这也是同样的含义；吃够了，饱，吃少了，饿，也是同样的含义。

这些所有的感觉令孩子知道该怎样生活，怎样自我保护。但如果他的这些感觉被否定，那么他就只能依靠理性的教条来生活，而感觉就会离他越来越远。

（二）知觉的种类

根据不同的标准，可以对知觉进行不同的分类。根据知觉是否正确，可将知觉分为正确的知觉和错误的知觉；根据知觉活动中占主导地位的感受器的不同，可将知觉分为视知觉、听知觉、嗅知觉和味知觉等；根据知觉对象的不同，可将知觉分为物体知觉和社会知觉。下面重点介绍物体知觉和社会知觉。

1. 物体知觉

物体知觉就是对物的知觉，对自然界中机械、物理、化学、生物种种现象的知觉。任何事物都具有空间、时间和运动的特性，因而物体知觉又分为空间知觉、时间知觉和运动知觉。

（1）空间知觉

空间知觉是对客观世界三维特性的知觉，具体指物体大小、距离、形状和方位等在大脑中的反映。空间知觉是一种较复杂的知觉，需要人的视觉、听觉、运动觉等多种分析器的联合活动来实现。在人们的生活和学习中，空间知觉具有重要的作用。例如，学习汉语拼音、汉字时，需要正确辨别上下、左右，否则难以顺利地掌握汉字的结构和识别汉语拼音；下楼梯时，如果人们不知道有几个台阶、每个台阶有多高，就容易摔倒。空间知觉包括形状知觉、大小知觉、深度与距离知觉和方位知觉等。

（2）时间知觉

时间知觉是对事物发展的延续性、顺序性的知觉，具体表现为对时间的分辨、对时间的确认、对持续时间的估量、对时间的预测等。生活中，人们对时间的知觉既可以借助自然界的变化，如太阳的东升西落、月的圆缺、四季变化等，也可以借助生活中的具体事件或自身的生理变化，如数数、打拍子、节假日、上下班等，还可以借助时钟、日历等计时工具。在不同的心理状态下，人们对时间的估计有很大差别。在悲伤的情绪下，人们在时间估计方面会出现高估现象；在欢快的情绪下，人们在时间估计方面则会出现低估现象。

（3）运动知觉

运动知觉是指物体在空间的位移特性在人脑中的反映。世界上万事万物都处在运动当中，因而，运动和静止是相对而言的。物体运动速度太慢或太快都不能使人产生运动知觉。人没有专门感知物体运动的器官，对物体运动的知觉是通过多种感官的协同活动实现的。当人观察运动的物体时，如果眼睛和头部不动，物体在视网膜的成像的连续移动，可以使人们产生运动知觉；如果用眼睛和头部追随运动的物体，这时视像虽然保持基本不动，眼睛和头部的动觉信息也足以使人们产生运动知觉。如果观察的是固定不动的物体，即使转动眼睛和头部，也不会产生运动知觉，因为眼睛和颈部的动觉抵消了视网膜上视像的位移。

2. 社会知觉

社会知觉就是对人的知觉，对由人的社会实践所构成的社会现象的知觉，具体包括对他人的知觉、对自己的知觉、对人与人之间关系的知觉等。我们每个人都是社会中的人，不可避免地要和各种各样的人交往，良性交往的前提是了解对方。我们不仅会通过与对方的言语来了解对方，也会根据面部表情、目光接触、身体姿态和活动等形成对对方的印象。与陌生人初次交往时，对他人的知觉常常受对方给自己留下的第一印象的影响，即首先获得的印象好坏比后来获得的印象好坏占有更大的比重。与熟悉的人或朋友交往时，对他人的知觉会受到新近获得的信息的强烈影响。在心理学中，这一现象叫作新近效应。另外，在对他人知觉的过程中还存在晕轮效应，即对一个人形成某种印象后，我们会以与这种印象相一致的方式去判断这个人的其他特点。

🔗 知识拓展

首因效应

第一印象效应，也叫"首因效应"。首因效应是由美国心理学家 A. S. 洛钦斯（A. S. Lochins）首先提出的，也叫首次效应或优先效应，指交往双方形成的第一次印象对今后交往关系的影响，也即是"先入为主"带来的效果。虽然这些第一印象并非总是正确的，但却是最鲜明、最牢固的，并且决定着以后双方交往的进程。如果一个人在初次见面时给人留下良好的印象，那么人们就愿意和他接近，彼此也能较快地取得相互了解，并会影响人们对他以后一系列行为和表现的解释。反之，对一个初次见面就引起对方反感的人，即使由于各种原因难以避免与之接触，人们也会对之很冷淡，在极端的情况下，甚至会在心理上和实际行为中与之产生对抗状态。

第二节　幼儿感觉和知觉的发展情况

一、幼儿感觉的发展

（一）视觉

1. 视敏度

视敏度是指幼儿分辨细小物体或远距离物体细微部分的能力，也就是人通常所称的视力。

有人认为幼儿年龄越小视力越好，事实上并非如此。幼儿前期到幼儿晚期，儿童的视敏度由低到高不断发展。

🔗 知识拓展

　　研究者对 4～7 岁的幼儿进行调查。调查时应用一种视力测试图，图上有许多带有小缺口的圆圈，测量幼儿站在什么距离可以看出圆圈上的缺口。距离越远看出，视敏度越好。调查的结果是，4～5 岁幼儿平均距离 2.1 米才能看出缺口；5～6 岁则可距 2.7 米；而 6～7 岁则为 3 米。如果把 6～7 岁幼儿视敏度的发展程度作为 100％，则 5～6 岁儿童为 90％，而 4～5 岁为 70％。可见，随着年龄的增长，视敏度也在不断提高。不过，发展速度不是均衡的，5～6 岁和 6～7 岁的幼儿视敏度的水平比较接近，而 4～5 岁和 5～6 岁幼儿的视敏度的水平相差较大。

2. 辨色能力

幼儿的辨色能力有如下发展趋势。幼儿初期的儿童已经能够初步辨认红、黄、绿、蓝等基本色。但在辨认混合色与近似色时，如橙与黄、深蓝与天蓝等，往往出现困难，同时也难以完全正确地说出颜色的名称。

幼儿中期的大多数儿童已能区分基本色与近似的一些颜色，如黄色与淡棕色，并能够正确说出基本色的名称。

幼儿晚期的儿童不仅能认识颜色，画图时还能运用各色颜料调出需要的颜色，而且能经常正确地说出黑、白、红、蓝、绿、黄、棕、灰、粉红、紫、橙等颜色名称。

根据幼儿颜色视觉能力的发展情况，幼儿园必须为幼儿提供色彩丰富的环境。在教学和游戏中，教师应指导幼儿认识和辨别各种色彩并调配各种颜色，这对幼儿辨色能力的发展有直接的促进作用。

🔗 知识拓展

色觉缺陷

色觉缺陷包括色弱和色盲。色觉正常的人可以用三种波长的光来匹配光谱上任何其他波长的光，因而称为三色觉者。色弱患者虽然也能用三种波长来匹配光谱上的任一波长，但他们对三种波长的感受性均低于正常人。在刺激光较弱时，这些人几乎分辨不出任何颜色。在混合三种波长时，他们所用的比例也与正常人不同。

色盲分全色盲和局部色盲两类。患全色盲的人只能看到灰色或白色，而丧失对颜色的感受性。患局部色盲的人还有某些颜色经验，但他们经验到的颜色范围比正常人要小得多。例如，甲型红绿色盲患者把短波长都看成蓝色，随着波长增加，蓝色饱和度逐渐下降，在长波部分患者只看到黄色。

色觉异常一般不影响人的正常生活，但是在择业方面会受到一定限制，不适宜从事美术、纺织、印染、化工等需对色觉敏感的工作，因此色觉检查已作为体格检查的常规项目。

（二）听觉

幼儿通过听觉，不仅辨别周围事物发出的各种声音，从而认识周围环境、确定行为方向；而且也辨认周围人们所发出的语音，进而了解意义，促进言语发展。听觉的发展对幼儿的智力发展具有重要意义。

1. 纯音听觉

幼儿期，幼儿辨认一般声音的纯音听觉感受性在不断发展。

幼儿纯音听觉的感受性在6～8岁提高了一倍，而且在12岁之前听觉感受性一直在增长。幼儿期儿童通过音乐教学及音乐游戏都能促进听觉感受性的发展。

2. 言语听觉

幼儿对词的言语听觉也在不断发展。4～7岁幼儿纯音听觉敏锐度和言语听觉敏锐度之间的差别程度，要比成人的差别程度大；而且年龄越小，这种差别越大。这种差别之所以存在，主要是言语比较复杂，幼儿仅仅感知到词的声音，还不一定能辨别语言。

进入幼儿园后通过言语交际和幼儿园语言教育，幼儿言语听觉明显有所发展。幼儿中期幼儿可以辨别语言的微小差别，到幼儿晚期几乎可以毫无困难地辨明其母语包含的各种语音。

知识拓展

"重听"现象

"重听"现象是幼儿期幼儿听力的一种特殊现象，即有些幼儿对别人的话听得不清楚、不完全，但他们常常能根据说话者的面部表情、嘴唇动作，以及当时说话的情境，猜到说话的内容。这种现象是幼儿听力缺陷的表现，对幼儿言语听觉、言语及智力的发展都会带来消极影响。

教师要注意儿童听觉方面的不足，尤其要注意"重听"现象。"重听"这种现象容易被忽视，但它对儿童言语听觉、言语能力和智力的发展都会带来危害，应当引起重视。教师要注意幼儿听觉方面的缺陷，应经常对他们进行听力检查，一旦发现有听力缺陷的幼儿，一方面要对其加强听力训练，另一方面要注意照顾医治。

（三）运动觉

幼儿期儿童运动觉的感受性不断提高。

运动觉和皮肤觉的结合，可以使人在触摸中感知物体的大小、形状、轻重、软硬、弹性、光滑和粗糙等属性。这种感觉在儿童很小的时候就发展起来了。在幼儿期，这种感觉的感受性逐渐提高。例如，要求幼儿不看而用手掂估物体的重量。结果发现，4岁幼儿对物体轻重的估计，错误率达90%；而7岁幼儿的错误率则明显减少，只有26%。另外，4岁幼儿估计重量多采用两个物体同时性比较方法；而7岁幼儿可以采用先估计一个，再估计另一个的相继性比较方法。

幼儿触觉的发展

此外，反映唇、舌、声带等言语器官运动的言语运动觉也在幼儿教育过程中不断发展。

二、幼儿知觉的发展

（一）空间知觉

空间知觉包括方位知觉、距离知觉和形状知觉等。在幼儿期，各种空间知觉发展明显。

1.方位知觉

方位知觉即对自身或物体所处方向的知觉，如对上、下、左、右、前、后、东、西、南、北的辨别。

幼儿方位知觉发展的顺序是：上、下、前、后、左、右。而左右方位的辨别是从以自身为中心逐渐过渡到以其他客体为中心的。所以，教师要求幼儿使用左右手或左右脚、腿做动作时，或者要求幼儿向左右转时，要考虑幼儿发展特点，正确做出示范。如要对面站立的幼儿举起右手，教师示范时自己要举起左手；或者举出具体的事实说明，如说"伸出右手，就是伸出拿汤匙的那只手"，不要抽象地说"左或右"，避免引起混乱。

2. 距离知觉

距离知觉是对物体距离远近的知觉。

幼儿对他们熟悉的物体或场地可以区分出远近，对于比较遥远的空间距离则不能正确认识。

幼儿对透视原理还不能很好掌握，不熟悉"近物大，远物小""近物清晰，远物模糊"等感知距离的视觉信号。所以，他们画出的物体也是远近大小不分的。他们还不善于把现实物体的距离、位置、大小等空间特性在图画中正确表现出来，也往往不能正确判断图画中人物的远近位置。例如，把画中表示在远处的树看成小树，表示在近处的树看成大树。

为了促进幼儿距离知觉的发展，教师应该教他们一些判断远近的方法。例如，两个物体是重叠的，则前面的物体在近处，被挡着的物体在远处。又如画图时，同样大小的两个物体，在近处的要画得大些、清楚些；在远处的要画得小些、模糊些。还可以引导幼儿在现实生活中分析、比较，或用实际行动来配合判断，如用手比一比，走步量一量，结合动作练习目测等。

3. 形状知觉

形状知觉是对物体几何形体的辨别。

幼儿的形状知觉逐年发展。一般来说，小班幼儿已能正确地辨别圆形、三角形、长方形和正方形；中班和大班幼儿除以上四种图形外，可以进一步掌握梯形、半圆形、菱形、椭圆形等其他平面图形和正方体、长方体等立体图形。

（二）时间知觉

时间知觉是对客观现象的延续性、顺序性和速度的反映。实际上，人们是通过某种衡量时间的媒介来反映时间的。

幼儿初期儿童已有一些初步的时间概念，但往往和他们具体的生活活动相联系。如他们理解的"早晨"，就是指起床的时候，"下午"就是指妈妈来接的时候。他们对一些带有相对性的时间概念，如

父母如何建立孩子的时间知觉

"昨天""今天""明天"就难以正确掌握。一般来说，他们只懂得现在，不理解过去和将来。

幼儿中期儿童可以正确理解"昨天""今天"和"明天"，也能运用"早晨""晚上"等词。但对较远的时间，如"前天""后天"等还不能理解。

幼儿晚期儿童可以辨别"昨天""今天"和"明天"等一些时间观念，也开始能辨别"大前天""前天""后天"和"大后天"，能分清上午和下午，知道今天是星期几，知道春、夏、秋、冬等。但对更短的或更远的时间概念，就难以分清。

幼儿对时间单位不能正确理解。6 岁儿童还不能真正了解"一分钟""一小时"或"一个月"的意义。

在幼儿的语言中，常常会出现一些有关时间的词语，如"去年""星期天"等，但往往会用错，不能表达出它们的真实含义。

（三）社会知觉

社会知觉是对人的知觉。幼儿活动范围逐渐扩大，和周围人们的交往日益增加。进入幼儿园后参加集体活动，受到集体教育，这些都促进幼儿社会知觉的发展。总的来说，幼儿不论对他人的知觉，还是对自己的知觉，都明显不断发展。

幼儿对他人的知觉，首先表现在对集体的知觉上。初入幼儿园的儿童，还没有明显的集体意识，有些虽曾在托儿所和其他儿童共同生活过，但还不懂得自己和集体的关系，不懂得自己是班集体的一员，不理解自己对集体的作用。入园之后，在有组织的游戏和学习等集体活动中，在教育的影响下，幼儿逐渐理解自己和班集体的关系，因而积极参加集体活动，而且努力为小组和全班争取荣誉。这说明幼儿对集体的知觉有了明显发展。

幼儿入园前，和其他人的接触面比较狭小；入园后，和其他人的交往增加，形成了比较广泛的人际关系。幼儿和其他人交往中关系最密切的是教师，尤其和班上的教师特别亲近。此外，幼儿入园后，逐渐和同班的小朋友交往，建立了一种新的人际关系。

儿童的自我意识在幼儿前期就已经开始发展，进入幼儿期后继续发展。幼儿喜欢得到成人的赞扬、尊重，不喜欢受批评；幼儿受到赞扬便感到愉快，受到批评便感到羞愧。但这种感受往往并不持久存在，容易平息，而且容易忘记，因而幼儿不容易自觉地发扬优点、克服缺点。

　　幼儿的独立性和自觉性也在不断发展。例如，游戏中幼儿逐渐能自己想办法、出主意；学习上能自己积极完成教师要求的任务，如有的儿童一定要画好了图才出去玩。

　　幼儿的社会知觉，不论对他人的知觉、对人际关系的知觉或对自己的知觉都有明显发展。但在社会知觉发展总过程中，幼儿还处在较低水平，必须教育培养，促使其进一步发展。

📑 案例展示

特别的秋游

　　周五幼儿园秋游，盼望已久的孩子们兴奋不已。可是，大三班的小琪突然得了传染病，整个班要隔离，所以大三班的秋游"资格"被取消了。得知这一消息的大三班孩子伤心不已，向班主任求情。班主任同情孩子，向园长反映情况。园长想了想，说："让孩子来说服我吧。"于是，大三班开始忙碌起来，首先选出了代表，再协商出对策。代表们信心满满地告诉园长：大三班错时出发，不和别的班级一起发车；承诺到了公园坐在固定的一块草地上"就看看花、看看风景""小手不去触碰公共设施"……代表们的充分准备和保证让园长同意了他们的请求。秋游当天，大三班的孩子们也兑现了承诺，秋游结束后还向园长反馈了活动情况。

三、幼儿观察力的发展和培养

（一）培养幼儿的观察力

　　观察是一种有目的、有计划、比较持久的知觉过程，是知觉的高级形态，是人类对客观现实认识的主动形式。因此，培养幼儿的观察力很重要。

感觉剥夺与感觉
轰炸

　　1. 帮助幼儿明确观察的目的和任务

　　在观察中培养幼儿的目的性，首先要使幼儿明确从被观察的对象中寻找什么，使观察具有明确的选择性和针对性。同时，要发挥教师的语言指导作用，观察前提出启发引导性问题，观察中进行提示，有针对性地讲解，以更好地帮助幼儿明确目的，提高观察的稳定性。

　　2. 引导幼儿观察概括

　　在观察中培养幼儿的概括性，就要为幼儿提供丰富的观察材料，让幼儿在实际活动中学习概括。当然，教师为幼儿提供多种感知材料，要注意每次出示的物体的本质属性不变，但要经常变化其非本质属性，以利于幼儿在观察中学习概括事物的本质属性。如让幼儿观察兔子的形象时，不要总是用白色的兔子，可使用灰色或黑色的兔子，让幼儿来概括兔子的本质属性。

3. 启发幼儿用多种感官方式参与观察

在进行观察活动时，教师要启发幼儿用多种感觉器官参加活动。多渠道活动不仅可帮助幼儿对被观察物体形成立体知觉和印象，也有利于提高大脑皮层的分析综合活动的状态和活力。如观察兔子，不但可用视、听感官进行，还可以让幼儿用手触摸，并学一学兔子是怎么跳的，从而帮助幼儿形成有关兔子的完整印象。

4. 教给幼儿有顺序的观察方法

在观察活动中，教师要按照事物本身的体系，用提问或提示，引导幼儿有顺序地观察，帮助幼儿学会自上而下、从左到右、从前到后、从外到里、从近到远的观察方法。如观察动物时，可这样提示幼儿：先看看动物的头是什么样的，再看看动物的身体，最后再看看身体下面有什么（脚）……在观察中依次提出问题，让幼儿按提出的问题去观察。每次如此，会大大提高幼儿观察的效果。

📎 延伸阅读

观察大象

在去动物园之前，王老师布置了一个任务——观察大象。然而，孩子们到了动物园，看了一眼大象后，就开始围着活蹦乱跳的猴子议论纷纷。回到幼儿园后，教师让大家谈谈观看大象后的感受，小朋友们吞吞吐吐，说不出几句话，反而对自己感兴趣的猴子谈论得头头是道。为什么会出现这种现象呢？应该怎么提高孩子的观察兴趣，扩大孩子的观察范围呢？

分析：幼儿之所以不愿观察大象而更愿意观察猴子，原因在于幼儿往往对自己熟悉的事物更感兴趣，对于一动不动的大象缺乏认识，所以观察得就少。因此，在去幼儿园之前，教师应当首先丰富与幼儿相关的知识和经验。比如，对大象生活习性和体形特征进行介绍，引发幼儿的好奇心和求知欲，这样才能达到观察的目的。

（二）保护幼儿的感官

幼儿感觉器官的健康发展是感知能力发展的必要前提。因此，保护幼儿的感官（尤其是视觉和听觉器官），防止发生病变，十分重要。教师在日常活动中，要重视幼儿感官卫生教育。

1.经常提醒幼儿注意用眼、用耳的卫生

要求幼儿不要用脏手或脏手帕去揉擦眼睛，不要在光线太强（如太阳光直射）或太暗的地方看书、画画，不在车上、船上看书，不在走路时看书，不随意挖耳朵等，以防止这些器官病变。

2.对有感官缺陷的幼儿给予必要的帮助

教师对有感官缺陷的幼儿要及时和家长联系，帮助其及时治疗。同时，在幼儿园活动和生活中，给这些孩子以必要的帮助，如在集体活动时，让近视、弱视、重听等幼儿尽量靠前坐等。

📝 真题练习

一、单选题

1.4岁的瑞瑞不小心把小碗里的葡萄干撒在桌子上后，很惊奇地说："哦，我的葡萄干变多了！"这说明他的思维处于（　　）。（2022年上半年幼儿园教师资格证考试《保教知识与能力》真题）

　　A.感知运动阶段　　　　　　　B.前运算阶段

　　C.具体运算阶段　　　　　　　D.形式运算阶段

2.关于自发性游戏的正确观点是（　　）。（2022年上半年幼儿园教师资格证考试《保教知识与能力》真题）

　　A.幼儿园游戏不包括自发性游戏

　　B.自发性游戏不需要教师指导

　　C.教师组织的游戏比自发性游戏有价值

　　D.自发性游戏具有多种教育价值

3.幼儿园教师通过记录幼儿在日常生活与活动中的表现来分析其心理特点，这种研究方法是（　　）。（2023年上半年幼儿园教师资格证考试《保教知识与能力》真题）

　　A.观察法　　　　　　　　　　B.谈话法

　　C.测验法　　　　　　　　　　D.实验法

二、论述题

试述幼儿园教育应"渗透于幼儿园一日生活的各项活动之中"的理由，并举例说明。（2022年上半年幼儿园教师资格证考试《保教知识与能力》真题）

第三章真题练习
参考答案

第四章
幼儿记忆的发展

◇ 本章导读

从认知水平的角度说，记忆是从感知过渡到思维的中介。现代心理学认为，记忆不是一个单一的过程，而是一个复杂的系统。记忆对幼儿心理发展具有重要的作用，它影响幼儿记忆发展的规律。因此，根据幼儿记忆发展规律促进幼儿记忆发展就成为幼儿教育的重要任务之一。

◇ 学习目标

素质目标

1. 树立科学的教育理念，以幼儿为本，热爱幼儿，热爱幼教事业。
2. 增强学习的兴趣和信心，形成良好的记忆品质。

知识目标

1. 了解记忆的概念和分类。
2. 掌握幼儿记忆的发展特点。
3. 掌握幼儿记忆力的培养方法。

能力目标

1. 学会分析幼儿记忆发展的特点。
2. 学会测评幼儿记忆的发展状况。
3. 能初步设计促进幼儿记忆发展的活动方案。

✦ 思维导图

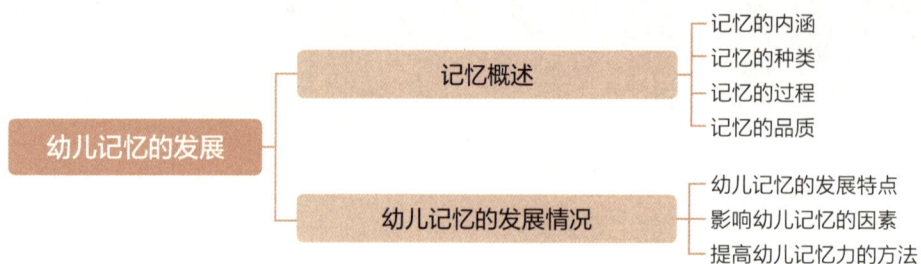

✦ 情境导入

记性超好的饼干龟

饼干龟是游泳馆的售票员，他在这个游泳馆已经待了 50 年。没人的时候，饼干龟就把他的头和脚缩进龟壳里，远远望去真像一块饼干呀！

"请问有人在吗？"

这天，犀牛警官来到游泳馆调查案件。原来，兔妈妈的孩子走丢了，犀牛警官到小兔子经常来的游泳馆找线索。

在饼干龟的帮助下，犀牛警官顺利地找到了兔宝宝。过了几天，犀牛警官和兔宝宝等其他小伙伴都来向饼干龟请教提高记忆力的方法。只见饼干龟慢悠悠地说："我的方法很笨，就是把同一件事多记几遍，时间长了，自然就记住了。"

第一节　记忆概述

一、记忆的内涵

（一）记忆的概念

记忆是人脑对过去经验的反映。一个人出生以后，会接受来自客观世界的各种各样的刺激。这些刺激带来的信息，有的随着时间的流逝消失了，有的则在大脑中保留了下来，成为"经验"。这里的"经验"，可以是感知过的事物，也可以是思考过的问题、体验过的情绪，或者是练习过的动作等。之后在一定的条件下，人们能对这些"经验"重新回忆起来，或者当它再次出现时能辨认出来，这就是记忆。

幼儿园的小朋友能跟着老师的琴声唱歌、跳舞，能激动地讲述作为旗手升国旗时的心情，能熟练使用手机等，都是幼儿记忆的表现。

（二）记忆与心理

记忆对人的发展具有重要意义。

1. 记忆是整个心理活动的必要条件

俄国心理学家谢切诺夫（Sechenov）曾说过："一切智慧的根源都在于记忆。"人所感知过的材料，通过记忆将它保存下来。人的想象和思维的结果，又会作为经验保存在大脑中，作为进一步思维和想象的基础。如果没有记忆，对以前感知过的事物都会感到陌生，每次都要重新去认识，一切心理活动都不会发展。

2. 记忆是积累知识、丰富经验的基本手段

人在认识自然、改造自然的过程中需要不断地积累知识、丰富经验；人在社会生活的各个方面也需要积累知识、丰富经验，这些都离不开记忆。事业有成者、智力超常者一般都具有很好的记忆力。

（三）记忆在幼儿心理发展中的重要地位

幼儿的各种心理品质都处在形成和发展的关键时期。社会和家长都希望幼儿身体健康、智能发展，并能形成良好的品德与行为习惯及活泼开朗的性格。所有这些都需要通过教育来完成，而作为受教育者的幼儿的记忆发展水平，将直接影响教育的成果。所以说记忆在幼儿心理发展中有着重要

的地位。

记忆助力感知觉能力的发展

《假如给我三天光明》是海伦·凯勒（Helen Keller）的自传，书中说到在她小的时候，一场高烧夺去了她的视力和听力。那段时间的她因为年纪还小，没有识字的能力，后来在学习盲文的时候遇到了巨大的阻碍。这里的阻碍就是感知系统的不全面，也就是视觉的不利因素所造成的。

后来让她重新找回自信的家庭老师安妮·莎莉文（Anne Sullivan）所用的方法，就是让她学会利用自己别的感知能力——触觉来感受世界。安妮在第一次教她记忆"水"这个单词的盲文时，把一杯清水慢慢地浇在她的左手上，同时在她的右手上一遍又一遍地写"水"的盲文。让海伦·凯勒在感知的瞬间，将这个信息深深地刻在她的大脑中。往后，当她再次使用或者遇上这个盲文的时候，她不需要再通过一遍又一遍的触摸来感知水的触感，在她的记忆里面就可以提取当时的感觉，甚至可以进一步加以想象。知觉能力的发展离不开个体知识经验的累积，而个体知识经验的累积方式主要是来自记忆。当一个印象被深深地植入孩子的记忆当中，以后只是通过记忆就可以模仿原来的感知，从而反馈给大脑。

这就是记忆为感知觉能力的发展提供的助力。

二、记忆的种类

（一）根据记忆的内容划分

1. 形象记忆

形象记忆就是把感知过的事物的形象作为内容的记忆。这种形象不仅是视觉的，也可以是动觉的、听觉的、嗅觉的等。例如，我们看到大街上行驶的汽车，就会对汽车的形状有记忆。

2. 语词—逻辑记忆

语词—逻辑记忆就是把概念、公式和规律等逻辑思维过程作为内容的记忆。例如，我们对数学公式、物理定理的记忆，对幼儿心理学概念的记忆。

3. 情绪记忆

情绪记忆就是把体验过的情绪和情感作为内容的记忆。例如，我们对与好朋友外出游玩时的高兴心情的记忆就是情绪记忆。

📖 **案例展示**

"坏脾气"的菲菲

菲菲刚上小学一年级，但她跟不上学习进度，就连基础计算题也总是出错。因为这件事，菲菲妈经常在辅导菲菲作业时控制不住情绪，她说："本来在孩子写作业前已经决定不生气，好好跟孩子沟通，但是看到孩子那写作业的态度，还总是顶嘴，脾气比自己还大时，我就怒火中烧，忍不住对菲菲大发脾气。"过了一段时间，菲菲的脾气也越来越大，和家长顶嘴更是家常便饭，实在说不过家长，就用歇斯底里的大哭来对抗。

这是因为家长在陪菲菲写作业时，经常性的情绪化，给她代入"情绪记忆"，才导致她不自觉地唤醒"情绪记忆"，接着就会控制不住地想起来之前写作业时，家长的一系列言语、情绪、表情等，然后心理暗示，进入负面情绪，从而情绪低落。

4. 运动记忆

运动记忆就是把做过的运动或者是动作作为内容的记忆。例如，我们对游泳、骑自行车的动作的记忆。

在日常生活中，这四种记忆形式不是单独存在的，而是相互联系的。要记清某一事物，往往同时需要两种以上的记忆参加。由于先天素质和后天实践的个体差异，记忆类型在每个人身上的发展程度也是不一样的。

（二）根据记忆保持的时间长短划分

1. 瞬时记忆

瞬时记忆又称感觉记忆，刺激物体的信息接触到人的感觉器官，得到暂时的存储，这种存储形式便叫作瞬时记忆。其保持时间为 0.25～2 秒，它是一种未经加工的原始信息。

2. 短时记忆

短时记忆是指获得的信息在大脑中储存不超过 1 分钟的记忆。例如，你从朋友那里获得一个电话号码，马上根据记忆来拨号，但过后就记不清了。另外，如听课时边听边记笔记，也是依靠短时记忆。

短时记忆的容量很小。短时记忆的广度一般来说是七个，可以是七个无意义的音节，也可以是七个毫无关联的字、词等，单位可以不同。一个字母可以是一个单位，一个词、一句话、一件事都可以是一个单位，每一个单位就是一块。科学家做过实验，把十个项目分成两块来记，比分成十块要好记。例如，手机号码有十一位，超出了七位的界限，但如果把它分为3-4-4这样三个部分来记忆，就能够很容易记住了。

3. 长时记忆

长时记忆是指1分钟以上直到许多年，甚至终身保持的记忆。与短时记忆相比，长时记忆的能量非常大。其实，长时记忆是对短时记忆反复加工的结果。也就是说，对短时记忆进行重复，短时记忆就会成为长时记忆。长时记忆储存信息的数量无法划定范围，只要有足够的复习，把信息按照意义加以整理、归类，整合于已有信息的储存系统中，就能把信息保持在记忆中。比如，我们要记住某个单词，如果一个字母一个字母地去记会很费劲，而且还容易记漏字母，要是把这个单词分成几个部分就相对好记了，但这还是短时记忆。我们如果想长期记住它，就要反复进行短时记忆（即复习），才能把这个单词记住。

以上三种记忆也是相互联系的，外界刺激引起感觉，它所留下的痕迹就是瞬时记忆；加以注意就成了短时记忆；对短时记忆中的信息不断重复，加以复述，就会产生长时记忆。信息在长时记忆中被回收到短时记忆中来，从而能被人意识到。

三、记忆的过程

记忆的过程可以分为识记、保持和回忆（再认和再现）三个基本环节。

（一）识记

1. 识记的定义

整个记忆过程通常是从识记开始的。识记是一种反复认识某种事物并在大脑中留下痕迹的过程，也就是把所需信息输入大脑的过程。

2. 识记的分类

识记可以从不同的角度划分成不同的种类。

（1）无意识记和有意识记

按在识记时有无明确的目的性和自觉性，可把识记分为无意识记和有意识记。

所谓无意识记，是指事先没有预定的目的，也不需要任何意志努力的识记。例如我们多年前参加过一个集会，虽然当时并没有给自己提出过明确的识记目的和任务，也没有付出特殊努力和采取特殊措施，但集会上的活动和内容却可能自然而然地被记住。人的许多知识是由无意识记获得的，所谓的"潜移默化"就是这个意思。但是并不是所有学习过的知识、接触过的东西都能被无意识记。无意识记具有很大的选择性，只有在人们的生活中具有重要意义，与人的活动任务和人们的兴趣、需要、情感相联系的事物，才容易被记住。同时，由于无意识记缺乏目的性，在内容上往往带有偶然性和片面性，因此单靠无意识记难以获得系统的知识技能。

所谓有意识记，是指按一定的目的、任务和需要采取积极的思维活动和意志努力的识记。例如教师向学生提出识记某些历史事件发生的年代、某些定理公式的任务。这样，学生不仅有明确的识记目的，而且为了达到识记目的还要尽可能采取有效方法或经过一定的努力去进行识记。这种识记目的明确、任务具体，所以在一般情况下效果要比无意识记好。人们获得系统的知识和技能主要靠有意识记。有意识记在学习和工作实践中具有重要的地位。

（2）机械识记和意义识记

按识记材料的性质及材料的理解程度，可以把识记分为机械识记和意义识记。

机械识记是在对识记材料没有理解的情况下，依据材料的外部联系机械重复所进行的识记。如记忆外文生字、某个历史年代、没有意义的数字、不理解的公式等，就常常是利用机械识记。机械识记的基本条件是多次重复或复习。

意义识记是在对识记材料理解的基础上，依据事物的内在联系所进行的识记。运用这种识记，材料容易记住，保持的时间也长，并且容易回忆。意义识记的基本条件是理解。

意义识记由于思维活跃，揭示了事物内在的本质联系和关系，找到了新材料与已有知识的联系，并将其纳入已有知识系统中来识记，所以效果要比机械识记来得好。但是，在学习材料中总有一些是无意义的或意义较少的，对这些材料的识记就要运用机械识记，因此我们对机械识记的作用也要有足够的认识。

延伸阅读

巧妙的记忆法

相传民国时期，在一座山间私塾中，一位先生要学生背诵圆周率，他要求学生必须准确背出小数点后的 22 位数，即 3.1415926535897932384626。临近中午，学生们依然没背下来，先生很生气，说："中午不许回家吃饭，继续背，什么时候背下来，什么时候回家。"教书先生是一位爱喝酒的人，自己上山找朋友喝酒去了。待在教室里的孩子们很不开心，但依然没办法背会圆周率。忽然一个机灵的学生编了一首打油诗，结果把圆周率后的 22 位数准确地背下来了。他把打油诗教给全体同学，待先生喝酒回来，学生们个个背得滚瓜烂熟。打油诗是这样写的："山巅一寺一壶酒（3.14159），尔乐苦煞吾（26535），把酒吃（897），酒杀尔（932），杀不死（384），溜而溜（626）。"

（二）保持

1. 保持的定义

保持是过去识记过的事物印象在大脑中得到巩固的过程。

识记材料的保持并不是机械的、重复的结果，而是对材料进一步加工、编码、储存的过程。储存起来的材料会随着时间的推移或受后来经验的影响，在质和量上都会发生某些变化。

质的方面的变化是多种多样的，以图形识记为例，有以下几种情况。第一，简略、概括。原来图形中有些细节，特别是不太重要的细节趋于消失。第二，完整、合理。重画的图形常比识记的图形更合理、更有意义。第三，详细、具体。与简略、概括的趋势相反，在有的重画的图形中，增加了原来图形中所没有的细节，使图形更详细、更接近具体事物。第四，夸张、突出。与完整、合理的趋势相反，在重画的图形中，把原来识记的图形某些特点突出了，夸大了，使它更具有特色。这说明识记不是一个被动地把过去经验简单地保持的过程，而是一个积极的"创造"的过程。

量的方面的变化主要是指保持的内容呈减少的趋势，也就是说人们经历的事情总要忘掉一些。但也有例外的情况，学习后过两天测得的保持量比学习后即时测得的保持量要高。这种现象叫记忆的恢复。记忆恢复现象在儿童中比在成人中普遍；学习较难的材料比学习容易的材料能够容易出现；学习得不够熟的比学习得纯熟的更容易发生。

2. 遗忘及其规律

（1）遗忘的定义

所谓遗忘，就是对识记过的材料不能再认和再现，或者是错误地再认和再现。保持和遗忘是相反的过程，也是同一记忆活动的两个方面：保持住的东西就不会被遗忘；而遗忘了的东西，就是没有被保持。保持越多，遗忘越少。记忆力强的人总能保持得很多而遗忘得极少。从现代心理学的观点看，遗忘并非全是坏事。事实上人也不可能将接受的所有信息全部无一遗漏地保持住。适当的遗忘甚至可以促进人的精神健康，提高工作和学习的效率。例如，与同伴发生口角引起的不愉快情绪体验，就不应该耿耿于怀，长久不忘，而应该将它主动地排解、遗忘。

（2）遗忘的规律

心理学的研究表明，遗忘是有规律的。德国心理学家赫尔曼·艾宾浩斯（Herman Ebbinghaus）最早对遗忘现象做了比较系统的研究。为了避免过去经验对学习和记忆的影响，他在实验中用无意义音节作为学习材料，用重学时所节省的时间或次数为指标测量了遗忘的进程。实验表明，在学习材料记熟后，间隔20分钟重新学习，可节省诵读时间58.2%左右；一天后再学习可节省时间33.7%左右；六天以后再学习节省时间就缓慢地下降到25.4%左右。依据这些数据绘制的曲线就是著名的艾宾浩斯遗忘曲线（见图4-1）。在艾宾浩斯之后，许多心理学家用无意义材料和有意义材料对遗忘的进程进行了研究，结果都证实艾宾浩斯遗忘曲线基本上是正确的。

从遗忘曲线中可以看出，遗忘的进程是不均衡的。识记后在大脑中保持的材料随时间的推移是递减的；这种递减在识记后的短时间内特别迅速，遗忘较多；随着时间的进展，遗忘逐渐趋缓；到相当时间后几乎不再遗忘。因此，遗忘的规律是先快后慢。所以学习后及时复习是十分有必要的。

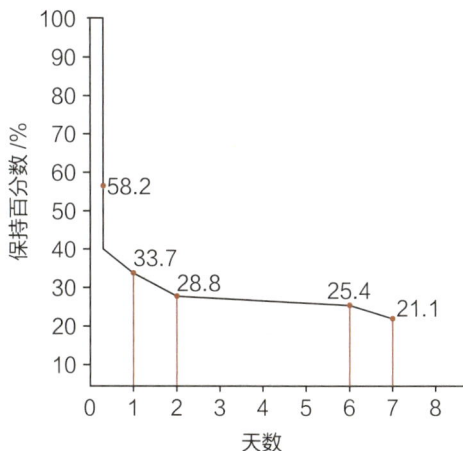

图4-1　艾宾浩斯遗忘曲线

（3）遗忘的种类

从遗忘的原因看，遗忘有两类：一类是永久性遗忘，即对已经识记过的材料，由于没有得到反复强化和运用，在大脑中保留的痕迹便自动消失，如不经过重新学习，记忆不能再恢复。另一类是暂时性遗忘，即对已识记过的材料由于其他刺激（外部刺激和内部刺激）的干扰，大脑中保留的痕迹受到抑制，不能立即再认或再现，但干扰一旦排除，抑制消除，记忆仍可得到恢复。例如考试时由于疲劳或紧张，考生会对原先很熟悉的问题不知从何答起，过了一段时间才想起来，这就是暂时性遗忘。

（三）回忆

1. 定义

回忆是人脑对过去经验的提取过程。它包含对过去经验的搜寻和判断。回忆是识记、保持的结果和表现，是记忆的最终目的。回忆有两种不同水平：再认和再现。

2. 再认和再现

再认是指过去经历过的事物重新出现时能够识别出来。我们能够听出曾经听过的歌曲，叫出曾经熟识的人的名字，都是再认的表现（考试中的选择题也是通过再认来回答的）。再认的速度和确认的程度受以下两个条件的制约：第一，识记的精确度和巩固性；第二，当前出现的事物与以前出现识记过的有关事物的相似程度。保持巩固，再认就容易；保持不巩固，再认就困难。如果事物本身先后变化不大，或者出现的情景相似便容易再认；如果事物本身先后发生了很大的变化，再认时的情景又不相似，再认就会发生困难。当再认发生困难时，如有更多的线索提供，则有助于再认。其中，环境和语言的线索起到重要的作用。

再现是指过去经历过的事物不在面前时，在大脑中重新呈现其映象的过程。根据再现是否有预定目的，可以把再现分为无意再现和有意再现。无意再现是事先没有预定目的，也不需要意志努力的再现。在日常生活中，我们常会因为一些事情的影响，自然而然地想起其他的一些事情。"触景生情"就是典型的无意再现。而有意再现则是一种有目的的、自觉的再现。学生考试时回忆以往学过的材料，幼儿复述故事时回忆以前听过的故事内容等，都是有意再现。

3. 再认和再现的关系

再认和再现都是过去经验的恢复，是从记忆中提取信息的两种不同水平的形式，它们之间没有本质的区别，只有保持程度上的不同。能再现的一般都能再认，能再认的不一定都能再现。任何年龄的人，再认效果都比再现的效果要好，但年龄越小，两者差异越大。

四、记忆的品质

一个人记忆力水平的高低主要是从记忆的敏捷性、记忆的持久性、记忆的正确性和记忆的准备性四个方面来衡量和评价的。

（一）记忆的敏捷性

记忆的敏捷性体现记忆速度的快慢，是指个人在一定时间内能够记住的事物的数量。识记同样的材料，有的人需要花费很长的时间，有的人则可以迅速记住，"过目成诵"。

记忆敏捷性的
培养

记忆的敏捷性在人的智力发展中起着重要的作用，记忆速度快，就可以在同样的时间里获得更多的信息，记忆更多的内容。智力超常的人，记忆的敏捷性大多是很高的。记忆的敏捷性与记忆的目的是否明确、注意力是否集中有密切关系。尽量理解识记材料和运用适当的识记方法，可以提高记忆的敏捷性。

（二）记忆的持久性

记忆的持久性是指记住的事物所保持时间的长短。仅有敏捷性还不能称为良好的记忆。像前面提到的，记得快忘得也快，那就没有什么实际意义了。所以，良好的记忆必须具备的第二个标准就是持久性。记忆的持久性，就是指记忆的事物能在大脑中保持长久的时间，是记忆巩固程度的表现。

记忆持久性的
培养

（三）记忆的正确性

记忆的正确性是指对原来记忆内容的性质的保持。一个人的记忆，如果既有敏捷性，又有持久性，但是不具备正确性，记得又快又牢固，可就是记错了，显然这样的记忆毫无价值。可以说，"正确性"是良好记忆重要的特点。如果记忆总是不正确，那它只能对我们学习知识和积累经验帮倒忙，正像开汽车时弄反了方向，开得越快，距离目的地越远。所以，记忆的正确性是保持人们获得正确知

记忆准确性的
培养

识的重要心理品质。

（四）记忆的准备性

记忆的准备性是指能够根据自己的需要，从记忆中迅速而准确地提取信息。即能够迅速地从已识记的知识储备中提取当时所需用的信息的能力。记忆的准备性是决定记忆效能的主要因素，是判断记忆品质的重要标准，也是记忆的敏捷性、持久性和正确性的体现。人们进行活动的目的是储备知识，并使之备而有用、备而能用。记忆如果没有准备性，就失去了它存在的价值。正像一个仓库，尽管里面储满了货物，但如果取货非常困难，那就起不到仓库应有的作用。人们的记忆好比是储存知识的"智慧仓库"，如果管理得当，进货、发货就会迅速、顺利。也就是说，当需要使用某种知识时能够很快提取应用，这样才有实际意义。就像学生进考场，记忆准备性好的学生能够迅速、正确地从自己记忆的仓库中提取相应的知识，顺利答完试题；而准备性不好的学生则常常会发蒙或答非所问，影响考试成绩。

记忆的四种品质是有机联系、缺一不可的，忽视记忆品质中的任何一个方面都是片面的。检验一个人记忆力的好坏，不能单看某一方面的品质，而必须用这四个方面去全面地衡量。

第二节　幼儿记忆的发展情况

一、幼儿记忆的发展特点

儿童进入幼儿期后，由于神经系统特别是额叶的成熟，口头语言的迅速发展，生活经验的不断丰富，记忆能力有了很大提高，主要表现出如下特点。

（一）无意记忆为主，有意记忆正在发展

1. 记忆的目的不明

幼儿记住什么，不记住什么，主要决定于：客观对象的性质，如直观、形象、具体、鲜明、活动的事物，容易引起他们的识记；客观对象和主体的关系，如幼儿感兴趣的，能激起幼儿强烈情绪体验的，能满足幼儿个体需要的事物，以及成为幼儿活动对象的都易被幼儿识记。反之，幼儿则不易

识记。可以说，幼儿所获得的知识，多数是在游戏和其他活动中"自然而然"地记住的，有的甚至保持终身。由此而知，人们早期获得的知识大多是无意记忆的结果。

2. 反复识记

幼儿的有意记忆较差，随着幼儿言语的发展和教育的作用，其意义记忆开始发展。例如，幼儿教师常要求小朋友背诵一些简单的儿歌，到中、大班，又要求孩子复述故事，让他们回忆星期天干了什么等，这些都是有意识地教育和发展幼儿的有意记忆能力——当然，这些必须在幼儿言语发展的基础上进行。中、大班的孩子，言语能力发展很快，与之相联系的记忆力也发生质的变化。中、大班幼儿不仅能努力记住和再现所需要的材料，还能运用一些最简单的方法来加强记忆。例如，一位 5 岁的幼儿，在听了老师对他的嘱托以后说："请你再讲一遍，要不我会忘的。"

延伸阅读

幼年健忘和记忆恢复现象

在学前儿童记忆保持时间的发展中，有两种独特现象：幼年健忘和记忆恢复。

幼年健忘是指 3 岁前幼儿的记忆一般不能永久保持的现象，因此大多数人都不记得自己三四岁及以前发生的事情。3～4 岁以后的幼儿可以保持终生的记忆。幼年健忘与幼儿大脑皮质的发展密切相关。

记忆恢复是指识记的内容在后来回忆时比即时回忆的要多的现象，如让幼儿识记儿歌、故事，许多幼儿过了一两天后记忆儿歌、故事的内容要比当时记忆的效果好。这就是记忆的恢复（与增长），也叫"记忆回涨现象"。记忆恢复现象在年幼的儿童身上表现得更为明显。

（二）形象记忆为主，语词—逻辑记忆正在发展

记忆内容的发展是有一定的规律的。首先出现的是运动记忆，如幼儿吃奶时身体被抱成一固定的姿势，形成条件反射，是儿童最早出现的记忆。接着是情绪记忆，如在幼儿园中被关过小黑屋的孩子，此段恐惧的情绪经历不易忘去。可以说儿童喜爱什么、依恋什么、厌恶什么、害怕什么都是情绪记忆的结果。整个幼儿期，幼儿记忆都带有强烈的情绪性。然后是形象记忆，如婴儿"认生"现象，就是形象记忆的表现。最后是语词—逻辑记

忆，如对公式、定理等的记忆，这种记忆的内容是通过语词表达出来的。对于幼儿来说，这几种记忆都在发展，但就形象记忆和语词—逻辑记忆而言，形象记忆占主导地位，语词—逻辑记忆正在迅速发展。幼儿最容易记住的，是那些具体的、直观形象的材料。

（三）意义记忆效果优于机械记忆

机械记忆是在不了解材料的意义的情况下，只根据材料的表现形式，采用简单重复的方法进行的一种记忆，即所谓的"死记硬背"。意义记忆是根据材料的意义和逻辑关系，运用有关经验进行的一种识记。幼儿的知识经验比较贫乏，对事物的理解能力差，记忆带有很强的直观形象性，因而他们往往只能记住一些事物的表面特征和外部联系，因此机械记忆表现突出。

随着年龄的增长，幼儿的意义记忆开始发展。4岁以后，幼儿的生活内容更加丰富，对事物的理解能力也有一定提高，且言语能力也有很大提高。此时，幼儿不再以机械记忆为主，也会对识记材料进行分析、改造。例如，复述故事时，幼儿不再单纯地模仿，他们会或多或少地进行逻辑加工，有时会用熟悉的词来代替较生疏的词，有时省略或加进某些细节。

意义记忆效果好于机械记忆的原因在于：进行意义记忆，可以依靠过去的知识经验，也就是把记忆材料纳入已有的知识经验中去。这样，新材料在大脑中就不是孤立的，而是融于原有的知识系统之中，通过已有的概括性练习进行识记，效果就可以提高。

这两种记忆不是相互排斥和对立的，在现实生活中，它们是相互联系的。对某些不能理解或很陌生的材料，机械记忆的材料就多些；对理解或熟悉的材料，就可以运用意义记忆。对幼儿来说，最有效的办法是在理解的基础上进行识记。例如，教幼儿认识阿拉伯数字"6"，可将字形与"哨子"形象联系起来，建立联系，并在此基础上反复练习，加以巩固。

二、影响幼儿记忆的因素

幼儿的记忆力是指幼儿识记、保持、再现信息的能力，是幼儿认知能力的一个重要组成部分。从某种意义上说，幼儿记忆力的好坏对幼儿的智能开发至关重要。影响幼儿记忆的因素主要有生理、心理、材料、学习、饮食及睡眠六大因素。

（一）生理因素

记忆力是人脑的一种能力，也是人脑的一种功能，那么必然由人脑的生理状况决定。如果幼儿的大脑出现了脑器质性病变或者记忆中枢受损，那么幼儿的记忆力必然大大降低。因此，为了保证幼儿拥有良好的记忆力，必须保护幼儿的大脑正常与身体健康。

（二）心理因素

记忆的主体如果对记忆材料感兴趣，心理积极，情绪高昂，记忆效果就很好；记忆的主体如果对记忆材料不感兴趣，心理消极，情绪低落，感到受压抑，记忆效果就不理想。可见，为了提高幼儿的记忆力，必须保证幼儿心理积极。

（三）材料因素

如果先后学习的材料差异较大，相互干扰，就会导致记忆的效果不理想。如果先学习的材料干扰了后学习的材料，就产生了前摄抑制；如果后学习的材料干扰了先学习的材料，就产生了后摄抑制。也就是说，给幼儿学习的材料应该有相互关联才能提高幼儿的记忆水平；如果幼儿学习材料之间差异过大，就会降低幼儿的记忆水平。

（四）学习因素

如果幼儿学习一份材料后，不注意及时复习，记忆的痕迹就会逐渐消退，导致记忆水平下降，甚至产生遗忘。

（五）饮食因素

幼儿如果经常不吃早饭，会导致记忆力降低。另外，幼儿饮食不当，如食糖过多、饮食过饱都会降低幼儿的记忆力。

（六）睡眠因素

幼儿睡眠质量差会影响幼儿的记忆力，长期睡眠不适就会降低幼儿的记忆力。例如幼儿不能按规律作息，睡眠过多大脑昏昏沉沉，睡眠不足精神恍恍惚惚等。

三、提高幼儿记忆力的方法

（一）为幼儿提供丰富的识记材料

幼儿的记忆以无意识记为主。凡是直观形象又有趣味，能引起幼儿强烈情绪体验的事和物，大多数都能使他们自然而然地记住。所以，为幼儿提供一些色彩鲜明、形象具体并富有感染力的识记材料，使材料本身能吸引幼儿，更能引起幼儿高度的注意力。例如，可以提供一些各种材料制作的不同形状的有趣的小卡片，能活动的玩具和实物等。同时，还应尽力为幼儿配以生动活泼、深受其喜爱的游戏或木偶戏等。这样会更好地确保给幼儿留下深刻的印象，使幼儿轻松地记忆知识，从而达到提高记忆效果、发展记忆能力的目的。

（二）激发幼儿有意识记的积极性

有意识记的发生和发展，是幼儿记忆发展过程中最重要的质变。为了培养幼儿有意识记的能力，在日常生活和各种有组织的活动中，教师或家长要经常有意识地向幼儿提出具体、明确的识记任务，促进幼儿有意识记的发展。例如，在听故事、外出参观、饭后散步时都应该给幼儿提出识记任务，如果没有具体要求，幼儿是不会主动进行识记的。值得注意的是，在向幼儿提出明确、恰当的记忆要求时，对幼儿完成记忆任务的情况要给予及时的肯定和赞扬，提高幼儿记忆的积极性与主动性，这样会使幼儿更好地进行主动记忆。

（三）帮助幼儿理解识记的材料

在幼儿时期，虽然孩子的机械记忆多于意义识记，但意义识记的效果却比机械识记的效果好。幼儿往往对熟悉理解了的事物记得很牢。培养并发展幼儿的有意记忆能力是非常重要的，为此需要用各种方法尽量帮助幼儿理解所要识记的材料。实际操作中可向幼儿提出一些问题，如"鸟为什么会飞""鸭子为什么能在水中游泳"等，引导他们通过积极的思考，在理解其意义的基础上进行记忆；对无意义或不可能理解的材料，也要尽可能帮助幼儿找出它们意义上的联系；对一些不易记住而日常生活中需要记住的内容，可采取归类记忆法。这样会使幼儿的记忆效果得到明显的提高。

📑 **案例展示**

理解才能更好记忆

古诗《静夜思》中有一句"举头望明月"，其中教师在教授幼儿"举头"一词的意义时可以通过动作演示，幼儿尝试练习，就能够准确地理解词义，从而也会加深记忆。再比如，看图讲述"猴子过河"的故事时，图片中有一群猴子看到河对岸有很多的桃子，急得抓耳挠腮，教师想让孩子记住"抓耳挠腮"这个词，于是让孩子学习猴子着急的动作。孩子们理解了这个词的含义，也就很快记住了这个词。

分析：幼儿充分理解了材料，就能够很快地将其记住。教师可以通过帮助幼儿理解识记的材料，来提高幼儿意义识记的水平和认知能力。

（四）运用多种感觉器官进行记忆

为了提高幼儿记忆的效果，可以采用协同记忆的方法，即在幼儿识记时，让多种感觉器官参与活动，在大脑中建立多方面联系，是加深幼儿记忆的一种方法。如果让幼儿把眼、耳、口、鼻、手等多种感官调动起来，使大脑皮层留下很多"同一意义"的痕迹，并在大脑皮层的视觉区、听觉区、嗅觉区、运动区、语言区等建立起多通道的联系，就会提高记忆效果。因此，应指导幼儿运用多种感官参加记忆活动。例如，让幼儿感受春天，应尽量带他们多看一看、摸一摸、闻一闻、尝一尝，通过眼、耳、手、鼻、口等多种感官从多方面获得感性认知，这样会使幼儿记得又快又好。

📑 案例展示

角色扮演

爱玩爱动是幼儿的天性，幼儿动手动脑可以给孩子带来更多的快乐。单纯地让幼儿记忆《小蝌蚪找妈妈》的故事，幼儿兴趣不高，记忆效果不好。教师可以让幼儿一起演绎故事情节。幼儿分别扮演小蝌蚪、小鱼、乌龟和青蛙等角色，最后小蝌蚪回到了妈妈的怀里。重复演绎故事，幼儿会记得更加清楚。在活动延伸环节可以安排如小朋友走丢了应该怎么办的讨论。

分析：兴趣是最好的老师。幼儿在进行角色扮演时，可以获得愉悦的情绪体验，思维将会更加活跃，记忆效果更好。同时，幼儿思维处于前运算阶段，他们动作记忆和形象记忆的发展水平较高，因此在活动中更容易记住故事的情节。

（五）帮助孩子进行合理的复习

幼儿记忆的特点是记得快，忘得快，不易持久。因此，在引导幼儿识记时，一定的重复和复习是非常必要的，这不仅是提高幼儿记忆效果的重要措施，也是巩固幼儿记忆，提高幼儿记忆能力的最佳方法。一般来讲，让孩子复习巩固所学的内容时，不宜采用单调、长时间的反复刺激，应该在孩子情绪稳定时，采用多种有趣的方法进行。例如，利用讲故事、念儿歌、猜谜语、表演活动、做游戏及比赛活动、散步与郊游活动、日常生活活动等。这样不但可以使幼儿在轻松愉快的情绪状况下，很快地巩固掌握所学的知识与技能，而且可以激发幼儿的记忆兴趣，提高幼儿学习的积极性。

总之，幼儿记忆智力的培养是需要循序渐进的，教师要引导幼儿，让他们学会有效的记忆方法，促使他们去探索、交流，以达到提高记忆智力的目的。只要教师做有心人，积极开发幼儿的智力，幼儿的记忆智力就会迅速发展到一个新的水平。

真题练习

单选题

1. 幼儿时期占优势的记忆类型是（ ）。（2021年下半年幼儿园教师资格证考试《保教知识与能力》真题）

A. 意义记忆　　　　　　　　B. 形象记忆
C. 词语逻辑记忆　　　　　　D. 动作记忆

2. 在幼儿记忆活动中占主要地位的是（ ）。（2022年下半年幼儿园教师资格证考试《保教知识与能力》真题）

A. 有意记忆　　　　　　　　B. 语调记忆
C. 形象记忆　　　　　　　　D. 意义记忆

3. 在不理解的情况下，幼儿也能熟练地背诵古诗，这是（ ）。（2022年河北招教真题）

A. 理解记忆　　　　　　　　B. 机械记忆
C. 意义记忆　　　　　　　　D. 逻辑记忆

4. 儿童记忆容量的增加，主要由于（ ）。

A. 记忆范围的扩大
C. 工作记忆的出现
B. 记忆广度的扩大
D. 把识记材料联系和组织起来的能力有所发展

第四章真题练习
参考答案

第五章
幼儿想象的发展

◇ **本章导读**

　　意大利儿童教育家玛利亚·蒙台梭利（Maria Montessori）说："幼儿期是想象非常活跃的时期。"儿童的想象丰富、新奇，幼小的儿童有一半时间生活在自己的想象世界中。他们没有定式，不墨守成规，不怕别人议论，他们更热衷探索新奇的事物，他们的整个生活都渗透着想象和创造。幼儿什么时候开始有了想象？想象有哪些特点？促进幼儿想象发展有哪些策略？了解这些，我们才能点燃儿童身上创作和想象的热情，使他们的想象结出丰硕的果实。

◇ **学习目标**

素质目标

1. 树立以人为本的职业理念，关爱幼儿，尊重他们的想象成果。

2. 具有大胆想象、积极探索的心理品质，不断攀登科学高峰。

知识目标

1. 理解想象的概念、种类。

2. 掌握幼儿想象发展的特点。

3. 掌握幼儿想象力的培养策略。

能力目标

1. 学会分析幼儿想象发展的特点。

2. 学会测评幼儿想象的发展状况。

3. 能初步设计促进幼儿想象力发展的活动方案。

⊕ 思维导图

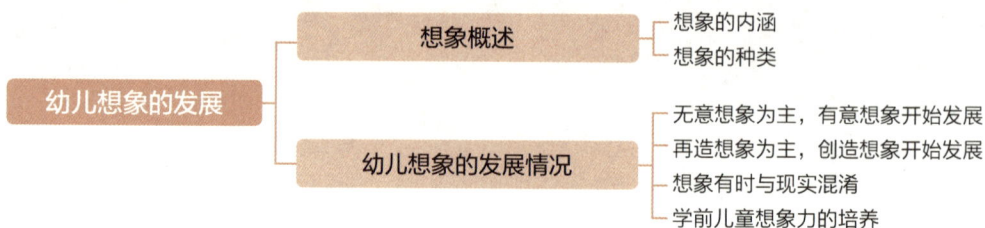

幼儿想象的发展
- 想象概述
  - 想象的内涵
  - 想象的种类
- 幼儿想象的发展情况
  - 无意想象为主，有意想象开始发展
  - 再造想象为主，创造想象开始发展
  - 想象有时与现实混淆
  - 学前儿童想象力的培养

⊕ 情境导入

　　小豪很喜欢树上长的各种小果子，他统称为"豆豆"。在这种树下行走，父母经常遇到：孩子指着树上的果实，兴奋地喊"豆豆"，还做出用力摘取的夸张姿势。其意思很明显，他要摘来玩。可经常的情况是，树很高，即使把孩子举过头顶也够不着。父母耐心地跟小豪解释："树太高，咱够不着。"可小豪不依不饶，伸着手非要去够。父母只得使出"绝招"，用似乎是看到新奇东西的那种声音，把孩子的注意力引开。

　　看来，孩子的思维与大人是有很大不同，我们怎么去理解他们呢？

第一节 想象概述

一、想象的内涵

（一）想象的概念

想象是对人脑中已有的表象进行加工创造，创造出新形象的心理过程。想象中的形象似乎是我们从未感知过的，有些甚至是现实生活中根本不存在的形象。如《三体》中的三体人等，这些都是客观现实中根本不存在的，这些新形象就是想象的结果。而这些形象又有迹可循，可见人是根据自己的感知经验进行想象的。从这个意义上看，想象归根结底是对客观现实的反映。

形象性和新颖性是想象的基本特点。想象是在感知的基础上，改造旧表象创造新形象的心理过程。它主要处理图形的信息，即以具体可感的直观形式呈现事物及意义，而不是关于事物的词语或符号式的逻辑命题。例如一个没有去过江南的人，读白居易的诗句"日出江花红胜火，春来江水绿如蓝"，大脑中会浮现出江南秀丽景色的形象。想象不仅可以创造出人们未曾知觉过的事物的形象，还可以创造出现实中不存在的或不可能有的形象，如发明家在发明创造时，大脑中产生的尚未存在的新产品的形象。

🔗 知识拓展

想象的生理机制

想象是人脑的机能。人在感知客观事物的过程中，大脑皮层上形成了暂时神经联系，留下了痕迹，这些联系是动态的，不断分解、补充、改造、结合。当生理上这些分解后的联系重新结合成新的联系，便创造出新的形象，这就是想象的过程。从这个意义上说，想象和其他心理过程一样都是大脑皮层的机能。

现代科学研究表明，下丘脑—边缘系统与大脑皮层共同参与想象的形成。如果人的下丘脑—边缘系统受到损伤，可能产生特殊的心理错乱，表现为人的行为缺乏程序性、自觉性，不能拟订简单的行动计划，不能编拟未来的行动程序。下丘脑—边缘系统的损伤使想象遭到了破坏。因此，可以说想象的生理机制不仅位于皮层上，还位于脑的深层部位，即下丘脑—边缘系统。想象是大脑皮层和皮下共同活动的机能。

（二）想象在幼儿心理发展中的作用

1. 想象在幼儿学习中的作用

想象是学习新知识所必需的认知基础。人们在认识客观事物的过程中，可以通过直接感知获得对事物的认识，但人不可能事事都去亲自实践，因此就有必要通过他人的描述间接地获得对客观事物的认识。人们在获取间接认识的过程中，没有想象是无法构建出新形象、新知识的。想象在幼儿学习活动中帮助幼儿掌握抽象的概念，理解较为复杂的知识，创造性地完成学习任务。如在学习数的组成概念时，教师可以用直观的语言激发幼儿的想象，让幼儿通过实物获得表象。例如，"5可以分成3和2"，通过语言的刺激，让幼儿大脑中出现5个苹果分成3个和2个的分法，从而理解抽象的数的组成概念。又如在讲述故事时遇到"人群"这一概念时，幼儿如果想象不出有众多人的那种情景，就不可能真正理解这一概念。缺乏想象力的幼儿是无法取得良好的学习效果的。

2. 想象在幼儿游戏中的作用

幼儿的主要活动是游戏。在游戏中，幼儿的想象起着极为重要的作用。在角色游戏中，角色的扮演、材料的使用、游戏的整个过程等都要依靠儿童的想象过程。例如，"娃娃家"游戏中，"爸爸""妈妈"使用纱布做成的包子、馒头，用木棍代替勺子，炒菜、烧饭、带孩子看病的活动，都是经过幼儿的假想而成的。如果没有想象，这种"虚构的"活动便无法开展。在结构游戏中，幼儿必须对结构材料、结构物体进行想象，通过一定的建构技能才能"创造"出一定的结构活动。在游戏中，幼儿不断地依靠想象而变换物体的功能。比如一根棍子，先当枪使，后又当马骑。游戏中的人物角色也可以变化，一会儿是老师，一会儿又变成售票员。游戏的情节更可以根据幼儿的需要而千变万化。一个小角落、几样简单的玩具，幼儿就可以借此进入广阔的幻想世界。因此，想象在幼儿的游戏活动中起关键的作用。通过各种方法激发幼儿的想象力，可以促进幼儿游戏水平的提高。

案例展示

守护孩子的想象力

建构区是鸿泽小朋友在幼儿园的教室里非常感兴趣的一个区域，每次蒙氏自由操作时都能在建构区看到他的身影。

蒙氏自由操作的时间到了，鸿泽小朋友一如既往地来到了建构区，他首先把不同大小的积木平铺在一起，一边铺还一边告诉旁边的小朋友说，这是他铺的一条宽宽的马路。我看着这条"马路"感觉有些单调，于是引导他，说马路边上还有房子呢。他听到之后，又拿了一块儿积木竖着插在马路上，高兴地对我说："君君老师，你看我的小房子搭好了！"然后他又拿了几块积木搭了两条长长窄窄的形状，我以为又是马路呢，他却告诉我说这是火车，是他的小托马斯。我说："请你想一想托马斯的头部是什么样的。"他听了之后立刻说："君君老师，我知道啦，我在电视里见过的！"于是他在火车头的位置，插上了两个圆形积木并且告诉我："好啦，这样就好啦！这就是小托马斯的头啦！"

3. 想象的发展是幼儿创造思维发展的核心

人的创造力主要表现在一个人的创造思维方面。而创造思维一般可以分为三个方面：直觉、灵感和想象。换言之，想象是创造思维的一个主要方面。对幼儿来说，创造思维的核心就是想象。我们评价幼儿创造思维的水平也主要是从想象的水平出发的。丰富的想象是幼儿创造思想的表现，如儿童画在月亮上荡秋千就充满了丰富的想象，因此才可能获得很高的评价。想象是幼儿创造思维的核心，应充分发展幼儿的想象，从而更好地促进学前儿童心理的发展。

二、想象的种类

（一）无意想象和有意想象

按照想象活动是否具有目的性，可以把想象分为无意想象和有意想象。

1. 无意想象

无意想象也称不随意想象，是一种没有预定目的、不自觉的想象。它是当人们的意识减弱时，在某种刺激的作用下，不由自主地进行想象。例如，人们看到天上的白云，会不由自主地将其想象成一堆棉花、一群绵羊等。无意想象是最简单、最初级形式的想象，也是幼儿想象的典型形式。

梦是无意想象的一种极端形式的表现。它是人们在睡眠状态下的一种漫无目的、不由自主的想象。人们在睡眠时，大脑皮层会产生一种弥漫性抑制，如果抑制发展不平衡，皮层上有些区域的神经细胞仍处在兴奋状态，就会做梦。在梦中，人们的心理活动不受意识的控制，因而梦中出现的形象或它们之间的联系有时虽然荒诞离奇，似乎离现实很远，但其实构成梦境的一切素材都是做梦者曾经经历过的事物，是对已有表象进行加工改造重新组合成的新形象，依然是对客观现实的反映。做梦是脑功能正常的表现，不仅无损于身体健康，而且对维持脑的正常功能是必要的。

2. 有意想象

有意想象也称随意想象，它是根据一定的目的，自觉地创造出新形象过程的想象。人们在实践活动中，为达到某个目标、完成某项任务所进行的活动，都属于有意想象。如幼儿为了搭建一座高楼，想象用什么结构、什么颜色的材料，或者幼儿设计未来的交通工具等都是有意想象。

（二）再造想象和创造想象

根据想象内容的新颖性、独特性和创造性的不同，可以把想象分为再造想象和创造想象。

1. 再造想象

再造想象是根据对没有直接感知过的事物的语言文字的描述或图样、图纸、符号的示意，而在大脑中形成相应的新形象的过程。所谓"再造"，一方面是指这些新形象对自己来讲是没有亲身感知过的，仅是根据当前任务和所提供的材料，在语言文字或其他东西的调节下运用个人经验，在大脑中加工再造出来的。如教师给幼儿讲《白雪公主和七个小矮人》的故事时，幼儿的大脑中会"再造出"白雪公主和七个小矮人的形象。另一方面，这种新形象并非自己独创的。如幼儿看着说明书上的介绍，自己独立地组装玩具。

再造想象也有一定的创造性。因为人们的经验、兴趣、爱好和能力不同，再造的形象也不会相同。从这个意义上说，再造想象总带有一定的创造成分，但创造成分较低。再造想象在工作、学习和劳动中有重大意义。通过再造想象，能更完整、准确地体会别人的经验，理解别人的处境。通过再造想象，还可以更好地进行交流，丰富自身的知识经验。

延伸阅读

幼儿为什么喜欢童话故事

幼儿为什么那么喜欢听童话故事呢？因为童话中的人物形象比较生动和鲜明，能够作为幼儿想象的支柱。如果真人真事的报道离幼儿的知识经验较远，或语言较为抽象，则难以作为幼儿想象的依据。

有人曾对幼儿喜欢童话故事的原因进行研究，认为童话故事比较适合幼儿想象的特点，原因主要有以下几点。

（1）人物角色数量不多，每个人物有一两种显著特征。好坏对比鲜明，比喻浅显易懂。

（2）情节变化迅速、明显，所描述的环境常常发生突然变化。对好人或坏人的赏罚报应立即实现。

（3）内容夸张。

（4）结构重复或重叠。

2.创造想象

创造想象是根据一定的预定目的和任务，不依据现存的描述而独立创造出新形象的过程。如文学家塑造的新的人物形象、科学家的发明创造等，都是创造想象的过程。

创造想象具有首创性、独立性和新颖性等特点。因此，创造想象比再造想象更复杂、更困难。再造想象和创造想象既有区别又有联系。它们的区别在于：同样是"造"，再造想象出来的形象是现实生活中已有的事物，是描述者知道而想象者不知道的事物；创造想象出来的形象是所有的人都不知道的，现实生活中甚至可能不存在的事物。它们二者的联系表现在：首先，它们都以感知觉为基础，都是在原有表象基础上重新加工改造、重新组合的新形象；其次，在再造想象中，有创造想象的成分，而创造想象是在再造想象的基础上形成的，创造有再造的因素；最后，虽然在创造想象中的形象是新颖的、独创的，但是仍然要依靠客观事物或图表、模型、语言、文字的启发，再造想象贫乏的人是不可能有丰富的创造想象的。因此，要培养幼儿的创造力，首先要培养幼儿的再造想象。

（三）幻想、理想和空想

根据想象的现实意义，可以把想象分为幻想、理想和空想。

1.幻想

幻想是一种与个人愿望相联系的，并指向未来事物的想象。幻想是创造想象的一种特殊形式，它是个人对未来的希望与向往。如孩子幻想自己将来当模特、演员、宇航员、警察等。

幻想与创造想象不同，幻想总是与个人的期望、志向相联系，也总包含对未来活动的设想。而创造想象所创造的形象，却并非都是个人所期望的。

幻想对人类社会的发展是有积极意义的。一个没有幻想的人是没有创造性、没有进取心的，也可以说是没有前途的。教师只要正确引导，大胆地培养幼儿敢于幻想，善于幻想的品质，让他们对未来充满美丽的憧憬，就能发现幼儿的闪光点，让幼儿信心十足地不断成长，不断前进。

2. 理想

理想是以客观现实的发展规律为依据，在现实中有可能实现的幻想。理想也称为"积极的幻想"。它今天虽然不一定直接引向行动，但能把光明的未来展示在人们的面前，鼓舞人们顽强地去克服困难，坚定地朝着既定的目标前进，成为激发人们在学习、工作中发挥创造性和积极性的巨大动力。理想又往往是激起创造想象的准备阶段。

3. 空想

空想是一种完全脱离现实的发展规律，是在现实中毫无实现可能的幻想。空想是一种有害的"消极的幻想"，它不能激励人们前进，相反，只能引导人们脱离现实生活，导致挫折和失望。长期陷入空想的人往往碌碌无为、一事无成。空想是一种无益的幻想，它使人脱离现实、想入非非，往往把人引向歧途，因此应克服这种有害的幻想。

⬛ 延伸阅读

画饼充饥

三国时期，魏国有一个名叫卢毓的人，他是前朝东汉名臣卢植的小儿子。卢毓为人忠厚，学识渊博，魏明帝曹叡把他提拔为侍中。在职三年，卢毓对魏明帝提出过很多好的建议，魏明帝最初不太高兴，但是后来见他忠心耿耿、踏踏实实，就提拔他做了吏部尚书。接着，魏明帝要卢毓推荐一个与他自己差不多的人接替侍中的职务，卢毓推荐了郑冲。魏明帝说："郑冲这个人你不推荐我也知道，你重新推举一个我不知道的人吧。"卢毓推举了阮武和孙邕二人。后来，魏明帝选择孙邕担任了侍中。

有一次，魏明帝对卢毓说："国家能不能得到有才能的人，关键就在你了。选拔人才，不要只看那些有名声的，名气不过像在地上画的饼一样，是不能吃的。"卢毓回答说："靠名声不可能得到真正有才能的人，只能发现一般的人才。我以为好的办法是对他们进行考核，看他们是否真有才学。现在废除了考试法，全靠名誉提升或降职，所以真伪难辨，虚实混淆。"魏明帝采纳了卢毓的意见，下令制定考试法，用推荐和考试相结合的办法录用人才，受到了人们的称赞。

画饼充饥指画饼来解除饥饿，比喻空有虚名，不实用，也比喻空想、徒做安慰而不能解决实际问题。我们可不能做画饼充饥的事情哦！

第二节　幼儿想象的发展情况

一、无意想象为主，有意想象开始发展

在幼儿的想象中，无意想象占主要地位，有意想象开始发展。幼儿想象体现在以下几个方面。

（一）想象无预定目的，由外界刺激直接引起

幼儿想象的产生，常常是由外界刺激直接引起的，想象活动不能指向于一定的目的，不能按一定的目标坚持下去，在游戏中想象往往随玩具的出现而产生。例如，在绘画活动中，幼儿想象的主题往往是看到别人所画的或听到别人所说的而产生的。正因为如此，在同一张桌上绘画的幼儿，其想象的主题常常雷同。如果要求幼儿在活动开始前想象活动进行的目标，幼儿初期往往不能完成任务，他们不知道自己将创造什么形象。幼儿往往是在行动中看到了由自己的动作无意造成的物体形态，或者是由外界刺激，才想象自己所创造形象的意义。

🔗 知识拓展

什么是梦境

夜晚，你会进入另外一个世界，这就是梦境。在过去，梦境是哲学家和心理分析师触及的领域，而现在梦境已经成为科学工作者们一个极其重要的研究领域。然而，梦境的实质究竟是什么，学者们还存在争论。

精神分析学派的代表人物西格蒙德·弗洛伊德（Sigmund Freud）和卡尔·荣格（Carl Jung）认为梦是潜意识过程的显现，是通向潜意识的最可靠的路径。或者说，梦是被压抑的潜意识冲动和愿望以改变的形式出现在意识中，这些冲动和愿望主要是人的性本能和攻击本能的反映。

艾伦·霍布森（Allan Hobson）从生理学的观点出发，认为梦的本质是我们对脑的随机神经活动的主观体验，这种神经活动完全没有逻辑联系，也不存在任何内在的含义。

（二）想象的主题不稳定

幼儿初期的孩子，想象不能按一定的目的坚持下去，很容易从一个主题转换到另一个主题。幼儿想象进行的过程往往受外界事物的直接影响，想象的方向常常随外界刺激的变化而变化，想象的主题也容易改变。这主要

是由幼儿初期孩子的直觉行动思维决定的。比如，在游戏中，一个小朋友正在玩"开商店"，忽然看见别的小朋友在玩"打仗"，他就跑去和别的小朋友一起打起仗来。画画时幼儿也是如此，幼儿会一会儿画树，一会儿画兔子吃萝卜，一会儿又画汽车。

（三）想象的内容零散、无系统

由于想象的主题没有预定的目的，主题不稳定，幼儿想象的内容是零散的，所想象的形象之间不存在有机的联系。幼儿绘画常常有这种情况，在同一幅画面上，会把他感兴趣的东西都画下来，如有房子、鹿、飞机、降落伞、猫、老鼠、树。这显然是一串无系统的自由联想，天马行空，不受时间、空间的约束，不管物体之间的比例大小。幼儿还可以把这些毫不相干的事物编出一个故事，讲给你听。

（四）以想象的过程为满足

幼儿的想象往往不追求达到一定目的，只满足于想象进行的过程。常常发现一个幼儿给其他小朋友们讲故事，乍看起来讲得有声有色，既有动作，又有表情，实际听起来毫无中心，没有说出任何一件事情的情节及其来龙去脉。可是，讲故事者本人津津乐道，听故事的小朋友也津津有味，这种活动经常可以持续半个小时以上。他们都随着这种凌乱的情节进行想象，而感到满足。幼儿在游戏中的想象更是如此，只满足于游戏活动的过程，这也是幼儿想象活动的特点。

（五）想象受情绪和兴趣的影响

幼儿在想象过程中常表现出很强的情绪性和兴趣性。情绪高涨时，幼儿想象就活跃，不断出现新的想象结果。比如"老鹰捉小鸡"的游戏，本应以小鸡被老鹰捉住而告终，可孩子们同情小鸡，又产生这样的想象：让鸡妈妈和鸡爸爸赶来，来啄老鹰，又救回了小鸡。

另外，兴趣也影响幼儿的想象。幼儿感兴趣的游戏和学习，他就会长时间去想象，专注于这个活动；而不感兴趣的活动，则缺乏想象，往往是消极地应对或远离这项活动。表现在活动中，幼儿保持兴趣的时间很短。如大班孩子玩简单的玩具或玩过的玩具，只能玩一会儿就是这个原因。因此，幼儿想象过程的方向、想象的结果、想象的丰富程度受其情绪和兴趣的影响较大。

在教育的影响下，幼儿的有意想象开始发展。中班以后，幼儿的想象已具有一定的有意性和目的性。如通过老师对故事前半部分的描述，幼儿会有意想象，续编故事的结尾。续编故事体现出孩子已有明确的想象目的，想象的有意性开始发展了，而且想象的内容也日益丰富。

大班以后，幼儿的有意想象逐渐发展起来。他们能按照成人的要求、方向进行想象活动，想象的主题也趋于稳定。他们已不满足于想象的过程，而是使想象服从于一定的目的，达到了目的，想象活动才结束。不难看出，随着年龄的增长、教育的影响，幼儿想象的有意性开始发展，并逐步丰富。

有意想象是需要培养的，成人应组织幼儿进行各种有主题的想象活动，启发幼儿明确主题，准备有关材料，如游戏中的玩具、绘画的材料等。成人及时的语言提示对幼儿有意想象的发展起重要作用。

📑 案例展示

跑掉的小兔子

欣欣画了一只小兔子，要求老师来看，老师让他等一会儿，欣欣不高兴地说："那小兔子会跑掉的。"等到老师走过来时，小兔子果真不见了。欣欣说："它跑到树林里去了。"当老师发现欣欣的情绪变化后，就装作非常感兴趣地说："哦，那小兔子跑到树林里干什么去了？采蘑菇吗？一会儿跑回来的时候，记得告诉老师好吗？"欣欣听老师这么一说，马上兴奋起来："它去采蘑菇了，一会儿就会带着好多好多的蘑菇回来了。"说完就开始画起了采蘑菇的小兔子。

分析：幼儿的想象容易受到情绪的影响，在开心的时候，就会思维活跃，表现欲增强；在情绪低落的时候，就会表现出退缩。欣欣在画完小兔子之后，因为没有得到老师的关注，所以情绪变得低落，把小兔子给涂掉了；当听到老师对自己的小兔子感兴趣时，就马上有了精神，继续开始绘画创作。

二、再造想象为主，创造想象开始发展

整个幼儿时期，儿童是以再造想象为主的，表现为想象在很大程度上具有复制性和模仿性。想象的内容基本上重现一些生活中的经验或作品中描述的情节。例如，幼儿在游戏中扮演老师，常常是重现他自己班里老师的模样。在自编故事时，往往把自己的行为作为故事中主人公的行为加以描述，或者是模仿以往听过的故事情节。

幼儿再造想象的类型

幼儿到了中、大班以后，再造想象中开始出现创造性的成分。如画了大树以后，会在旁边画一些花草等。在复述故事时，也往往加上自己想象的情节。因此，教师要给予保护、鼓励，并创造条件促使幼儿创造想象的发展。

三、想象有时与现实混淆

幼儿常将想象的东西和现实相混淆，这是幼儿想象的一个突出的特点，表现在以下三个方面。

（一）幼儿把渴望得到的东西说成已经得到的

如有的幼儿看到别人有漂亮的娃娃或玩具，他会说："我家也有。"可事实却不是如此。

（二）幼儿把希望发生的事情当成已经发生的事情来描述

如一个孩子的妈妈生病住院了，孩子很想去看妈妈，但是家里的大人不允许。过了两天，孩子告诉老师："我到医院去看妈妈了。"实际上孩子并没有去医院看望妈妈。

（三）幼儿把自己当作游戏中的角色

小班幼儿玩"狡猾的狐狸你在哪里"的游戏，当教师扮演的狐狸逮着小鸡（小朋友饰），假装要吃她的时候，这个孩子大哭起来说："你是老师，怎么可以吃人呢！"说着还拼命挣扎。因为幼儿的这一特点，教师在组织小班幼儿的学习活动时，一方面要使幼儿在想象中如同故事或游戏中的角色一样活动，分享角色的乐趣，在轻松愉快的气氛中来接受教育；另一方面，尽量避免引起恐怖、害怕等情绪，尤其对年幼胆小的儿童，在有关的活动中，更要多加说明，使他们知道这些不是真实的，不要害怕。

此外，教师要特别注意，不要把幼儿谈话中所提出的一切与事实不符的话，都简单地归之为说谎，并予以严厉的责备。教师要了解孩子的这些特点。教师首先要做孩子的忠实听众，平时还要引导孩子多观察、多经历，丰富孩子的生活经验和知识，理解孩子想象的那些不合理因素。需要提醒的是，想象中的荒诞、不符合常情之处有时候恰恰是最有价值的，许多创造常常由此而来，所以一定要小心呵护孩子的想象。假如出现想象的混淆，应在实际生活中耐心指导，帮助幼儿分清什么是假想的，什么是真实的，从而促进幼儿想象的发展。

📖 案例展示

真实与谎言

这天中午取饭的时候，轩轩和小宝两个人为了一个座位发生了争执，心急又激动的轩轩表达不清自己的情绪，于是老师先请轩轩搬离了之前的位置。

看到轩轩的情绪还是很激动，老师觉得事情可能没有那么简单。当老师问清楚是小宝把轩轩的椅子从桌子下搬出去的时候，叫来小宝询问情况，小宝一再摇头否定，于是老师询问那张桌子旁边的贝贝，发现轩轩说的是事实。

小宝听完直摇头，老师便问道："你有把椅子搬走吗？"小宝低下头不说话。于是老师接着说道："我不是为了生气或者批评你才问你的，我只是想知道真实情况，而且我是相信你才会问你的。"听完我的话小宝点点头说："是我。""谢谢你没有骗我，我只是想知道事情的真相，现在我已经知道了，我相信你也应该知道该怎么做，请你去跟轩轩解决一下问题吧。"小宝点过头同意后，就去帮轩轩把椅子放回了原来的位置，自己坐到了另一张桌子上。

分析：很多时候，我们喜欢用非黑即白思维方式给孩子的行为下定义，但其实这对孩子来说是不公平的。由于大脑的快速发育，两三岁的孩子可能经常会把想象与现实搞混，因此才出现"说谎"的现象。因此，"说谎"行为被称为孩子学会保护自己的第一件武器。

小宝的这种情况我们不能判定为他在撒谎，因为从小宝跟老师讲话的神情中知道，这个孩子因为害怕挨批评所以理所当然地选择了对自己有利的答案来回答。在这样的情况下孩子是顾及不到这个有利的答案是否真实的，所以老师不能随便给孩子贴上"爱撒谎"的标签。

四、学前儿童想象力的培养

（一）丰富幼儿的表象

表象是想象的材料。表象的数量和质量直接影响想象的水平。表象越丰富、准确，想象就越新颖、越深刻、越合理；表象越贫乏，想象就会越狭窄、越肤浅。表象越准确，想象就越合理；表象越错误，想象也就越荒诞。教师在各种活动中，为了丰富幼儿的感性知识和经验，会有计划地采用一些直观教具、实物等，帮助幼儿积累丰富的表象，使他们多获得一些进行想象加工的"原材料"，为想象提供条件。幼儿想象必须以感性经验为基础，以表象为条件，要给幼儿提供更多发表自己想法的机会和环境，从而更好地训练幼儿的语言表达能力。

语言可以表现想象，语言水平直接影响想象的发展。幼儿在表达自己的想象内容时，能进一步激发起想象活力，使想象内容更加丰富。因此，教师在丰富幼儿表象的同时，也要发展幼儿的语言表达能力。如在看图讲述时可以让幼儿在认真观察的前提下，丰富感性经验，展开自由联想，并用语言表述出来；在科学活动中，让幼儿用丰富、正确、清晰、生动形象的语言来描述事物；还可以让幼儿描述在大自然中看到的事物，通过纸工、泥工、绘画等制作表达出来，鼓励幼儿大胆想象和创造，使幼儿的想象力和创造性在这些活动中同时得到充分发展。发展幼儿语言的途径是多种多样的，只要充分认识，认真思考，不仅能丰富幼儿的表象，还能促进幼儿的语言、思维及其他心理现象的发展。

（二）创造幼儿想象发展的条件

文学作品活动中的讲故事能发展幼儿的再造想象；创造性的讲述能激发幼儿广泛的联想，使他们在已有的经验的基础上构思、加工，创造出自己满意的内容，发展幼儿的创造想象。比如构图讲述，幼儿首先进行充分的想象，然后自己选构图画，组成一个完整故事，最后运用自己已有的经验进行讲述，效果很好。

幼儿园开展多种艺术教育活动，也是培养幼儿想象发展的有利条件。如美术活动中的主题画，要求幼儿围绕主题开展想象，而意愿画能活跃幼儿的想象力，使他们无拘无束，构思、创造出各种新形象；音乐、舞蹈是美的，幼儿可以在表演过程中，运用自己的想象去理解艺术形象，然后再创造性地表达出来。这都是发展幼儿想象力的有效途径。

📑 案例展示

让幼儿的想象飞起来

一个春天的早晨，幼儿园老师带领孩子们走出教室，来到野外。孩子们感到很兴奋，一会儿看看美丽的花朵，一会儿摸摸大树，一会儿又仰头看看天空等。孩子们在野外有了很多新的发现：柳树的柳条变绿了，抽出了小嫩芽；迎春花开出了小的花骨朵；小草钻出了地面。有的幼儿指着花喊："老师，好漂亮的迎春花。"还有的幼儿指着天空大声喊："天空那么蓝，天上的白云好像绵羊的羊毛。"另一个幼儿也跟着叫了起来："我也看到了，白云好像我们吃的棉花糖。"孩子们对大自然充满了好奇，他们会用眼睛观察，用大脑想象，提出稀奇古怪的问题，这些都是幼儿的好奇心所致。之后，老师让幼儿把观察到的内容讲出来或者用画笔画出来。有的幼儿问老师天空为什么是蓝色的？老师并没有限制幼儿的想象，告诉幼儿你自己觉得天空是什么颜色就画什么颜色。老师对于幼儿的问题给予了鼓励和表扬，提高了幼儿提问的兴趣和积极性，并用比较简单易懂的话语回答，促进了幼儿大胆想象。

幼儿园教师要创设情境，为幼儿提供想象的空间，激发幼儿的好奇心，同时为幼儿提供想象的条件，丰富幼儿的感性知识，尊重幼儿的天性和心理特点，使幼儿敢于想象、乐于想象。

（三）鼓励和引导幼儿大胆想象

游戏是幼儿的主要活动，游戏对幼儿的身心健康和智力发展具有重要的意义。幼儿可以在玩耍的过程中锻炼想象力、创造力、毅力、思维能力、社交能力和体力等。积极组织、开展各种各样的游戏，让幼儿以玩具、各种游戏材料代替真实物品，想象故事情节，可以促进幼儿想象的发展。除此之外，还要引导幼儿自己发明更多新的玩法。在玩法上进行创新，鼓励幼儿大胆想象，创编出更多更好的玩法。充分发挥幼儿的想象，体现幼儿是游戏的主人。幼儿的想象力正是在这种有趣的游戏活动中逐渐发展起来的。游戏的内容越丰富，幼儿的想象就越活跃。因此，教师要积极引导幼儿参与各种游戏。

幼儿进行游戏，离不开玩具和游戏材料。玩具和游戏材料是引起幼儿想象的物质基础。我们还要鼓励幼儿在玩具材料上进行创新。幼儿在进行游戏时，可以根据自己的兴趣和需要，随意地将游戏材料加以想象，为此教师尽量给幼儿准备有多种玩法的玩具，为幼儿提供许多可探索的辅助材料。比如"滚竹圈"游戏中，幼儿不用竹圈滚，而是用小型呼啦圈来滚，有的幼儿将滚竹圈的钩子用来"钓鱼"等。再如用"打门球"的球当作游戏中的鸡蛋。这些都充分体现了幼儿的想象能力和创新能力。

游戏的材料除了购买之外，多直接来源于生活中的废旧物品，这体现了一切来源于自然的原则，同时也说明为幼儿选择玩具和游戏材料时，关键要看它能否满足幼儿想象力的发展，不一定必须为幼儿准备精致、漂亮、昂贵的玩具。教师应鼓励幼儿大胆想象，这样的材料能起到活跃幼儿想象、促进想象发展的作用。玩游戏时，教师应让幼儿独立思考，别出心裁，反复尝试，勇于探索。只要教师有心，就能发现身边的许多废旧物品都是宝贝。同时教师还可以鼓励幼儿有选择地收集物品，自制玩具，不仅经济实惠，而且能给孩子带来更多的乐趣。

（四）创设问题情境

创设宽松、和谐、自然、开放的学习环境，让幼儿自主学习、大胆想象，是想象的基本前提。环境的设计必须按照孩子兴趣的变化而变化。教师应尊重儿童对自然的向往，将教室设计成具有自然气息的环境，使孩子们能在自然生活的环境中学会观察、充分想象。同时教室环境的布置应让孩子们参与，让他们产生一种主人翁感，这种正面的情感不但有助于儿童的想象力和创造力的发展，而且更有利于其整个身心的发展。教师要为孩子提供可以动手探索的材料、拥有多种选择的学习环境，鼓励孩子提出有深度的问题，大胆进行想象，并与社区和家长一起，和孩子们享受解决问题的快乐。

教师还可以适时组织小组讨论。小组讨论的内容要选择幼儿不太了解却非常感兴趣的内容，使幼儿能充分发挥想象力、创造力，表达自己不同的感受和独特见解，促进幼儿间相互学习，相互启发，取长补短，加深认识，形成自己独到的见解。教师是小组讨论的组织者、引导者，教师要为幼儿创造宽松、友好的气氛，特别是要包容幼儿讨论过程中的不当之处和错误之处，从而形成一个让幼儿愿意思考、敢于表达自己想法的氛围。

（五）在活动中进行有目的、有计划的训练

有目的、有计划的训练，是提高幼儿想象力的重要措施。除通过讲故事、绘画、听音乐等活动培养幼儿的想象力外，还可以采用填补成画等其他一些形式。给幼儿提供一张画有许多半圆形、圆形或者其他图形的纸，请他们画成各种各样的物体图形；让幼儿听几组声音的录音，让幼儿想象这几组声音说明发生了什么事情；给幼儿几幅顺序颠倒的图画，让其重新排列，并叙说整个事情经过等。经常进行这样的训练，可以使幼儿想象的内容广泛而又新颖。

（六）抓住一日生活环节中的教育契机，引导幼儿进行想象

日常生活中想象的培养，是教育活动形式的必要补充和延伸。实际上，给幼儿更多自由选择的想象空间，对拓展他们的想象力很有帮助，而这些就在我们生活的点滴之间。因此，教师应该利用一切机会为幼儿创设培养

想象的有利环境，充分利用幼儿在园的一日生活环节，全方位、多角度地为幼儿提供丰富而宽松的空间，鼓励幼儿大胆想象，从而使幼儿得到更好的发展。

延伸阅读

幼儿园一日生活中的教育契机

一、洗手的感悟（培养孩子解决问题的能力）

在一次幼儿园的户外活动结束后，孩子们陆续进入盥洗室准备洗手。由于盥洗室内仅有4个水龙头，孩子们不得不排队等待。观察发现，每个孩子洗手大约需要30秒。此外，洗手过程中还需注意节约用水，每次洗手需要开关水龙头两次。在涂抹肥皂后冲洗时，肥皂沫会留在水龙头上，而在手洗净关闭水龙头时，又可能将手弄脏。面对这一问题，老师决定引导孩子们自己思考解决方案，以培养他们独立思考和解决问题的能力。孩子们通过讨论，提出了多种方法，其中一种特别有效：孩子们两两合作，洗手时由排在后面的孩子负责开关水龙头，这样既节省了洗手时间，又避免了洗净的手再次弄脏。经过实践，孩子们普遍认为这种方法非常实用。

二、大树上的沙包（发挥孩子的创造性思维）

在幼儿园的户外活动场地上，有一棵高大的玉兰树，其茂密的树冠为孩子们提供了一个理想的游戏场所。一天，一名老师带着孩子们在场地上玩沙包，忽然，一个小朋友的沙包不见了。于是，这名老师走过去问孩子："沙包去哪里了呢？"孩子指着玉兰树说："喏，在树上呢！"老师连忙安慰："没关系，老师想办法把它拿下来。"就在这时，老师灵机一动，决定利用这个机会培养孩子们的创造性思维和解决问题的能力。于是，老师就让孩子们一起想办法来取沙包。有个孩子说："老师，你的个子高，伸长手，就能拿到沙包了。"老师就按他说的去做，可是树太高了，老师够不到。孩子们又开始讨论："可以用手里的沙包去打树上的沙包。"老师又去尝试，结果沙包是软的，虽然碰到了树上的沙包，但还是掉不下来，看来这个办法也不行。孩子们又继续办法，有个孩子说："老师，你拿个棍子，往上一跳，就可以够着了。"老师按照孩子的办法成功地把沙包取下来了，孩子们欢呼起来，继续投入愉快的游戏中去了。

真题练习

一、单选题

1. 大班幼儿往往对听过的故事不感兴趣，希望老师讲新的故事，小班幼儿则不然，他们对"小兔子乖乖""拔萝卜"等喜欢的故事百听不厌，这体现了小班幼儿（　　）的特点。（2022年幼儿园教师资格证考试《教育综合知识》真题）

A. 想象的主题不稳定　　　　B. 以想象的过程为满足

C. 想象无预定目的　　　　　D. 想象的内容零散、无系统

2. 幼儿绘画活动中，教师最应该强调的是（　　）。（2021年下半年幼儿园教师资格证考试《保教知识与能力》真题）

A. 画面干净、美观　　　　　B. 画得和教师的一样

C. 按照自己的意愿大胆表达　D. 画得越像越好

3. 幼儿赛跑、下棋一般属于（　　）。（2020年下半年幼儿园教师资格证考试《保教知识与能力》真题）

A. 表演游戏　　　　　　　　B. 建构游戏

C. 角色游戏　　　　　　　　D. 规则游戏

4. 依据想象活动有无（　　），想象可以分为有意想象和无意想象。（2023年甘肃招教真题）

A. 客观性　　　　　　　　　B. 概括性

C. 目的性　　　　　　　　　D. 直观性

二、简答题

简述幼儿无意想象的主要表现。（2022年下半年幼儿园教师资格证考试《保教知识与能力》真题）

第五章真题练习
参考答案

第六章
幼儿思维的发展

◇ 本章导读

下雨天为什么会打雷？闪电是从哪里来的？为什么天上只有一个太阳？……这些是幼儿经常会问家长和老师的问题。随着年龄的增长，幼儿的感性经验越来越丰富，问题也越来越多。这说明幼儿的思维和言语能力有了快速的发展，对事物的内部特征和规律越来越好奇。那么，什么是思维？幼儿的思维与成人有什么不同？怎样才能培养幼儿良好的思维能力？这就是本章所要学习的内容。

◇ 学习目标

素质目标

1. 树立自主学习、终身学习的理念。

2. 具有高尚的职业道德，热爱幼儿，热爱幼教事业。

3. 提高职业认知能力，增强责任感与使命感。

知识目标

1. 理解思维的概念和种类。

2. 了解幼儿思维的特点，掌握提高幼儿思维的方法和策略。

能力目标

1. 学会分析幼儿思维发展的特点。

2. 学会测评幼儿思维的发展状况。

3. 能初步设计促进幼儿思维能力发展的活动方案。

✛ 思维导图

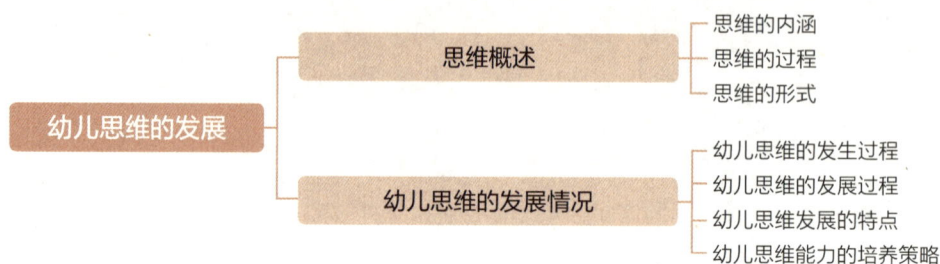

✛ 情境导入

　　小明是一个3岁零3个月的孩子，十分活泼可爱，深受大家喜欢。可是令父母不解的是小明无论做什么事情之前都不爱多思考。如玩积木时，让他想好了再去搭，而他总是拿起积木就开始随便搭，搭出什么样，就说搭的是什么，在绘画或要解决别的问题时也是这样。父母认为这样不好，便总是要求小明想好了再去行动，可是小明却常常做不到。小明的父母时常为此而烦恼。

　　请你判断，小明为什么会这样？如果你是老师，你会给小明的父母提出什么样的教育建议？

第一节 思维概述

一、思维的内涵

（一）思维的概念

思维是人脑对客观事物间接概括的反映，是借助语言和言语揭示事物本质特征和内部规律的认知活动。日常人们所说的思考、考虑、沉思等都可称为思维。

思维与感知觉都是人最基本的心理过程，是人脑对客观事物的反映。但是，感知觉是客观事物直接作用于感觉器官时的反映。它反映的是事物的外部特征和外部联系，属于认识活动的低级阶段。思维则是对事物本质特征及内在规律间接的、概括的反映，属于认识的高级阶段。感知觉和思维之间又有着密切的联系，思维是在对事物感知的基础上产生的，如果没有大量的、丰富的感知材料，思维就无从产生；而思维也使得人们的感性认识更加深刻，使得人们的感知活动更明确、更深入。幼儿正处于思维发展的初级阶段，思维的发展更离不开感知觉的发展。

🔗 知识拓展

思维——地球上最美丽的花朵

众所周知，人类新生个体的自我活动能力是很差的。生物的进化水平越高，它的新生个体独立生活的能力就越差。人类新生儿从一个毫无独立生活能力的弱者成长为一个能改造自然与社会的强者，需要经历漫长的发展过程。而作为认识世界的抽象思维能力，更是发展的一个极其重要的方面。从某种意义上说，正是因为这一能力，才使人之所以成为人。思维能力是物质发展的最高成就。恩格斯曾把"思维着的精神"说成是"地球上最美丽的花朵"。

（二）思维的特点

思维具有两个基本特点：间接性和概括性。

1. 思维是对事物间接的反映

思维与感知不同，它不是直接对事物做出反映，而是间接地反映事物。例如，我们早晨起来看到屋外地上都是湿的，就知道昨天夜里下过雨。但我们这时并没有看见下雨，只是通过潮湿的地面，间接地知道昨天夜里下雨了。人的思维具有间接性的特点，所以人可以推测未来、了解远古，透过表面现象知道事物的本质。世界上许许多多无法直接感知的事物，都是通过思维去认识的。

2. 思维是对事物概括的反映

思维不像感知觉那样只反映事物的个别属性或个别具体的事物，而是反映一类事物共同的本质属性或事物之间的规律性联系。我们判断昨天夜里下过雨，是因为我们多次见到这样的现象，认识到下雨后的共同特征就是屋外都是湿的。这就是人通过思维对下雨这一现象的概括。任何科学概念、各种定义、定理、规律及法则等都是通过概括得出的结论，如植物生长需要空气，这不仅仅是指树、草，而且是指所有的植物。这一结论的得出，是从各种植物的生长条件中分析概括而来的。

（三）思维的种类

1. 直观动作思维、具体形象思维和抽象逻辑思维

根据所要解决的问题的性质、内容和解决问题的方式，思维可以分为直观动作思维、具体形象思维和抽象逻辑思维

直观动作思维又称为实践思维，是以实际操作解决直观、具体的问题。解决问题的方式依赖于实际的动作。例如，修理工人修理设备时可以对设备一一动手检查，看看各部分是否有毛病，这就是应用了动作思维。幼儿最初的思维是以直观行动思维为主，3岁前的幼儿只能在动作中思考。例如幼儿将玩具拆开，又重新组合起来。动作停止了，他们的思维也就停止了。

具体形象思维是利用物体在大脑中的具体形象来解决问题的思维。例如，我们要去某个地方，事先会在大脑中出现各种可能到达的路线。我们运用大脑中的形象进行分析、比较，最后选择一条最近、最方便的路线，这样的思维就是形象思维。3～7岁的学龄前儿童更多的是运用形象思维解决问题。艺术家、作家、导演、设计师的形象思维也非常发达。

抽象逻辑思维是运用概念，根据事物的逻辑关系来进行的思维。例如，我们思考太阳为什么会东升西落、一年为什么会有春夏秋冬等，就需要运用抽象逻辑思维。抽象逻辑思维是靠言语进行的思维，是人类所特有的思维。幼儿阶段只有抽象逻辑思维的萌芽。

在个体的发展中，由于言语的发生和发展较晚，所以直观动作思维和具

体形象思维出现得早一些，而抽象逻辑思维则出现得较晚。实际上，在成人的思维活动中，这三种思维活动经常相互联系、共同发挥作用。

2. 聚合思维和发散思维

根据思维探索答案的方向，思维可以分为聚合思维和发散思维。

聚合思维是把问题提供的所有信息聚合起来得出一个正确或最好的解决方案的思维。当问题只存在一种答案或只有一种最好的解决方案时，通常要采用聚合思维。例如，在解决一个问题时先将众人的意见综合起来，然后形成一个最佳的解决方案。其主要功能是求异。

发散思维是指根据已有信息，从不同角度、不同方向思考、探索新的问题，追求多种问题解决方法的思维。例如，在解数学题时对同一个问题采用多种解题方法。其主要功能是求同。

3. 常规思维和创造性思维

根据思维的创新性程度，思维又可以分为常规思维和创造性思维。

常规思维也叫再造思维，是指人们运用已获得的知识经验，按照现成的方案和程序直接解决问题。例如，学生运用已学会的公式解决同一类型的问题。这种思维创造性水平低，对原有知识不需要进行明显的改组，也没有创造出新的思维成果。

创造性思维是重新组织已有的知识经验，提出新的方案和程序，并创造出新的思维成果的思维，具有独创性。例如，剧作家创造一个新的剧目、工程师发明一部新机器等。创造性是人类思维的高级过程。

二、思维的过程

思维是通过一系列比较复杂的操作来实现的。人们运用储存在大脑中的知识经验，对外界输入的信息进行分析、综合、比较、分类、抽象概括和具体化的过程，就是思维的过程。

幼儿思维过程的
发展

（一）分析与综合

分析是在思维中把事物的整体分解为各个部分、个别属性或个别方面；综合是在思维中把事物的各个部分、个别属性或个别方面结合为一个有机整体。分析可以使人了解事物的组成部分和各种属性；综合可以使人了解事物的整体和构成事物整体的各个部分、个别属性和个别方面之间的关系。分析与综合是彼此相反而又紧密联系的过程，是同一思维过程中不可分割的两个方面。分析有了综合才有意义，分析基础上的综合则更加完备。

（二）比较与分类

比较是在大脑中把各种事物或现象加以对比，确定它们之间的相同点、不同点及其关系。人们认识事物，把握事物的属性、特征和相互关系，都是通过比较来进行的。比较是以分析和综合为基础的，只有把不同对象的部分特征区别开来并确定它们之间的关系，才能进行比较。也只有经过比较，区分事物间的异同点，才能更好地识别事物。例如，人们要挑选手机，首先要了解各种品牌手机的特点、性能、外形、信誉和价格等，这就是分析。当把不同型号的手机一一进行对比时，还要把各种特性结合在一起进行比较，这就是综合。只有这样，最后才能确定选择哪一种品牌的手机。比较是重要的思维过程，有比较才有鉴别，只有通过比较才能找到事物的共同点和差异点，才能正确地确定活动的方向。

分类是在大脑中根据事物或现象的共同点和差异点，把它们区分为不同种类的思维过程。分类是在比较的基础上，将有共同点的事物划为一类，再根据更小的差异将它们划分为同一类中不同的属，以揭示事物一定的从属关系和等级系统。例如，学生掌握生物的概念时，把生物分为动物和植物；又把动物分为有脊椎动物和无脊椎动物等。

幼儿的思维发展水平还比较低，因此往往不是根据事物的本质特征，而是根据事物的外部特征和事物的功能进行分类；随着年龄的增长，抽象逻辑思维发展起来以后，青年期的学生才会按事物的本质特征进行分类。

（三）抽象概括与具体化

抽象是在大脑中把同类事物或现象的共同的、本质的特征抽取出来，并舍弃个别的、非本质特征的思维过程。例如，人们从手表、怀表、电子钟、石英钟、闹钟、座钟、挂钟等对象中抽取出它们共同的、本质的特征，即"可以计时"，舍弃它们的非本质特征，如大小、高度、形状等，这就是抽象的过程。

概括是在大脑中把抽象出来的事物的共同的、本质的特征综合起来并推广到同类事物中去的思维过程。例如，我们把"生物"的本质属性——有生命综合起来，推广到所有事物上，指出"凡是有生命的物质都叫生物"。这就是概括。

概括是在抽象的基础上进行的，如果不能抽出一类事物的本质属性，就无法对这类事物进行概括。而如果没有概括性的思维，就抽不出一类事物的本质属性。抽象与概括是相互依存、相辅相成的。抽象是高级的分析，概括是高级的综合。抽象、概括都是建立在比较的基础上的。任何概念、原理和理论都是抽象与概括的结果。

具体化是指在大脑中把抽象、概括出来的一般概念、原理与理论同具体事物联系起来的思维过程，也就是用一般原理去解决实际问题，用理论指导实际活动的过程。例如，教学中老师引用案例、图解等来说明原理、规律等理论问题或概念。具体化是认识发展的重要环节，它把理论与实践、一般与个别、抽象与具体结合起来，使人更好地理解知识、检验知识，不断深化认识。

上述思维过程，彼此之间并不是截然分开的，而是在实际解决问题的过程中相互联系、相互统一的。

三、思维的形式

思维的基本形式有概念、判断和推理。

（一）概念

概念是大脑反映事物本质属性的思维方式。例如，"人"这个概念已经舍掉了许多东西，舍掉了男人和女人的区别、大人和小孩的区别、中国人和外国人的区别，只剩下了区别于其他动物的特点。换句话说，人的概念只反映人的本质属性，如能制造工具、能劳动、会说话和思维等。概念代表客观事物，是用词来标志的。每个概念都有它的内涵和外延。内涵是指概念所包含的事物的本质属性，外延是指具有这一本质属性的所有事物。例如，"脊椎动物"这个概念的内涵是有生命和脊椎，外延则是一切有脊椎的动物，如鸟、虎、狼、豹等。概念的内涵和外延之间成反比关系，内涵小，外延则大；内涵大，外延则小。

案例展示

掌握概念的名称容易，掌握概念的内涵困难

老师带孩子们去动物园，一边看猴子、老虎、大象等，一边告诉他们这些都是动物。回到班上，老师问孩子们："什么是动物？"很多幼儿都回答："是动物园里的。""是老虎、狮子、大象……"老师又告诉孩子们："蝴蝶、蚂蚁也是动物。"很多孩子觉得奇怪。老师又告诉他们："人也是动物。"孩子们更难理解，甚至有的孩子争辩说："人是到动物园看动物的，怎么是动物呢？哪有把人关在笼子里让人看的！"如何看待幼儿对"动物"这一概念的理解？

（二）判断和推理

人的思维不仅以概念的形式反映事物的本质属性，而且以判断和推理的形式去反映事物有无某些属性及事物间的关联。

判断是概念与概念之间的联系，是事物之间或事物与其特征之间联系的反映。"明明是我们幼儿园大一班的小朋友""小小是我们幼儿园中一班的小朋友"，如果以这里两个判断为前提，通过它们的联系能得出"明明和小小都是我们幼儿园的小朋友"或"小小不是大一班的小朋友"的结论，这种在已有判断的基础上推断出新的判断的过程就是推理。

概念、判断和推理是相互联系的。概念是判断和推理的基础，概念的形成要借助于判断和推理。判断是推理的基础，判断本身又是通过推理获得的。概念、判断与推理是思维的三种基本形式，任何思想都是通过概念、判断和推理这三种思维形式得到表现的。

延伸阅读

某次认知能力测试时，刘强得了118分，蒋明的得分比王丽高，张华和刘强的得分之和大于蒋明和王丽的得分之和，刘强的得分比周梅高，此次测试120分以上的只有两人没有达到。根据以上信息，你能为他们5个人的得分由高到低做出准确的排名吗？

推理过程：由刘强得了118分，刘强的得分比周梅高，120分以上的只有两人没达到可知，刘强和周梅的分数低于120，且刘强排在周梅前面。由五人之中只有两人没有达到120分可知，蒋明、王丽和张华三人分数高于120分。由张华和刘强得分之和大于蒋明和王丽的得分之和可知，张华在这四人中排第一，刘强排第四，蒋明和王丽两人处于中间的二、三名（要么蒋明第二、王丽第三，要么蒋明第三、王丽第二）。又因蒋明的得分比王丽高，故可得蒋明第二、王丽第三。因此，他们5人的得分由高到低的排列顺序为：张华、蒋明、王丽、刘强、周梅。

第二节　幼儿思维的发展情况

一、幼儿思维的发生过程

幼儿的思维在婴儿期开始发生。1 岁以前的幼儿，只有对事物的感知，而没有思维。随着活动和言语的发展，1 岁后的幼儿开始对事物有了概括的反映，从此出现了人类思维的初级形式。

2 岁以前幼儿的思维主要是直觉行动思维。直觉行动思维是指主要利用直观的行动和动作解决问题的思维。例如，幼儿通过拖动桌上的布来获得他不能直接拿到的玩具。直觉行动思维离不开幼儿对客体的感知和动作，是幼儿早期出现的萌芽状态的思维。这一时期儿童的思维总是与对物体的感知和儿童自觉的活动紧密相连的。思维是在动作中进行的，活动一旦停止或转移，他的思维活动也就停止或转移；没有活动就没有思维，他们不会想好了再行动，而总是边做边想。例如，问幼儿怎样才能把桌上的玩具拿下来，他马上就跑去拿。如果叫他想好了再拿，他会理直气壮地拒绝："不用想，就是去拿。"因此，幼儿必须掌握各种动作，使这些动作成为解决同类问题的概括性手段和思维活动的手段，并且在这个基础上掌握相应的词，才能形成真正人类的思维。

案例展示

无意发现的有用方法

2 岁 6 个月的吉姆趴在床的一边，在床的另一边放着一个玩具，他无法直接拿到玩具（床很高，吉姆无法爬到床上，也无法从地面绕到床的另一边），正在吉姆一筹莫展的时候，偶然的机会，他通过扯动被单使玩具离他的距离近了点儿。吉姆觉得很有趣继续扯动被单，并最终拿到了玩具。他感到很高兴，不仅因为拿到了玩具，而且发现了如此有用的一个方法。

分析：2 ～ 3 岁是由感知运算阶段向前运算阶段过渡的时期，儿童刚完成动作协调性的发展，喜欢在玩中认识和感知世界。

二、幼儿思维的发展过程

3 岁之后，幼儿的思维有了新的发展。随着活动的发展，幼儿的具体形象思维日益发展。运用表象在解决问题中所占的地位越来越突出，在思维中具体形象思维所占的成分也越来越大。思维的具体形象性就这样在直觉行动性中孕育起来，并逐渐分化，成为幼儿期思维的主要形式。

随着儿童言语的形成和发展，言语在思维中的作用逐渐增加。起初，语词和形象是紧密相连的，形象的作用大大超过语词的作用。例如，幼儿所能理解的词语，往往都是与其生活经验密切相连或是生活中的具体事物。对于抽象的、高度概括的词是很难理解的。例如，一个幼儿听大人说："那个孩子的嘴真甜。"就问："妈妈，你舔过他的嘴吗？"在幼儿的大脑中，甜不甜是要尝一尝才知道的。以后随着年龄的增长，语词的作用逐渐加强，逐渐摆脱动作、表象的束缚，开始成为独立的思维工具。但是，形象在幼儿思维中始终占据优势地位。

总的来说，3～4岁幼儿的思维是直觉行动思维；4岁幼儿向具体形象思维过渡，但他们理解的是生活中熟悉的和生活经验相联系的事情，时常依赖个别事物的具体形象，概括性很小；6岁左右的幼儿，抽象逻辑思维开始发展，能掌握较抽象、概括性较强的概念，如家具、蔬菜、交通工具等，开始理解事物发展之间的逻辑关系。

🔗 知识拓展

皮亚杰的"三山实验"

瑞士著名的心理学家皮亚杰设计了"三山实验"，用以测验儿童的"自我中心"的思维特征。实验材料是包括三座高低、大小和颜色不同的假山模型。实验首先要求儿童从模型的四个角度观察这三座山，然后要求儿童面对模型而坐，并且放一个玩具娃娃在山的另一边，要求儿童从四张图片中指出哪一张是玩具娃娃看到的"山"。结果发现儿童无法完成这个任务。他们只能从自己的角度来描述"三山"的形状。皮亚杰以此来证明儿童的"自我中心"的特点。

无论是直觉行动思维还是具体形象思维，都是一种以自己的直接经验为基础的思维。处于这类思维水平的儿童倾向于以自己的立场、观点认识事物，而不能从客观事物本身的内在规律及他人的角度认识事物。

三、幼儿思维发展的特点

（一）幼儿思维发展的特征

1. 幼儿初期思维的特征

幼儿初期，即3岁左右，思维仍保留很大的直观行动性。他们的思维活动离不开对事物的直接感知，并依赖于自身的行动。

这时期幼儿的思维依赖于一定的情境。他们开展的游戏很大程度上依赖于玩具和活动环境。玩具作为幼儿游戏的物质前提，在这一时期体现得最为突出。在"娃娃家"的游戏中，如果老师只给幼儿提供娃娃，那么他们就会反复地抱着娃娃玩；如果老师又给他们提供了娃娃的衣服、小碗、小勺和小杯等物品，他们不仅会给娃娃穿衣服，还会给娃娃喂饭、喂水。

幼儿初期的思维离不开自身的行动，这时期幼儿的思维活动常常与他们的动作相伴随。在幼儿园小班初期的绘画和游戏活动中，思维的直观行动性表现得非常明显。

2. 幼儿中期思维的特征

具体形象思维是运用已有的直观形象（表象）解决问题的思维。进入幼儿中期，在一定的生活环境和教育条件下，幼儿的思维在前一阶段的基础上有了进一步的发展，由以直观行动思维为主逐渐发展到以具体形象思维为主。

幼儿的具体形象思维主要表现出以下几个方面的特点。

（1）具体性

幼儿思维的内容是具体的。幼儿在思考问题时，总是借助于具体事物或具体事物的表象。幼儿容易掌握那些代表实际东西的概念，不容易掌握比较抽象的概念，如"交通工具"这个概念比较抽象，而"小汽车"这个概念较为具体，所以幼儿掌握"小汽车"这个概念比"交通工具"要容易。幼儿对具体的语言容易理解，对抽象的语言则不易理解，如老师说："喝完水的小朋友把杯子放到柜子里去！"刚入园的幼儿听完都没有反应。但老师如果说："明明，把杯子放到柜子里去！"这时明明就能理解老师所说的话。对刚入园的幼儿来讲，"小朋友"这个词是不具体的，每个幼儿的名字才是具体的。

（2）形象性

幼儿思维的形象性表现在幼儿依靠事物的形象来思维。幼儿的大脑中充满各种各样颜色和形状等事物的生动形象。比如爷爷总是长着白胡子，奶奶总是头发花白的；解放军叔叔总是穿着军装的；兔子总是"小白兔"等。具体性和形象性是具体形象思维两个最为突出的特点。

（3）经验性

幼儿的思维常根据自己的生活经验来进行，比如幼儿把热水倒入鱼缸中，问他为什么这么做时，他说："老师说了，喝开水不生病，小鱼也应该喝开水。"再如，老师向幼儿布置"解迷津"的任务："假装这里有一座山，你必须走过这座山才能回家。现在老师和小朋友们都走过去了，就剩下你一个了，再不走过去，天就要黑了，野兽会来的。"幼儿回答说："我不会去那种地方的。再说妈妈总是和我在一起。"幼儿是从他自己的具体生活经验去思维的，而不是按老师的逻辑推理进行思维的。

（4）拟人性

幼儿往往把动物或一些物体当成人来对待。他们赋予小动物或玩具以自己的行动经验和思想感情，和它们说话，把它们当作好朋友。他们认为太阳公公能看见小朋友们在玩，他们还提出许多拟人化的问题，如"风是车轮放出来的吗"等。

🔗 知识拓展

泛灵论

皮亚杰在研究儿童思维过程中发现，儿童在心理发展的某些阶段存在泛灵论的特征。儿童把无生命的物体看作是有生命的，主要表现在认识对象和解释因果关系两方面。随着年龄增长，泛灵论的范围会逐渐缩小。4～6岁的儿童以自我为中心的思维特点是：常常由己推人，把一切事物都看成和人一样是有生命的、有意识的、活的东西，常把玩具当作伙伴与它们游戏、交谈。6～8岁的儿童把有生命的范围限制在能活动的事物上。8岁以后开始把有生命的范围限于自己能活动的东西。皮亚杰认为，前运算期的儿童处于主观世界与物质宇宙尚未分化的混沌状态，缺乏必要的知识，对事物之间的物理因果关系和逻辑因果关系一无所知，所以思维常是泛灵论的。

（5）表面性

幼儿思维只是根据具体接触到的表面现象来进行的，往往只是反映事物的表面联系，而不是事物的本质联系。由于幼儿的思维只是从事物的表面出发，不能反映事物的本质，因此幼儿思维常常具有片面性。如教师给幼儿出示两个一样大小的橡皮泥球，让幼儿确认它们是一样大小的。然后，教师把其中的一个泥球搓成长条状，这时，幼儿就认为这两块橡皮泥不是一样多了。

（6）固定性

幼儿思维的具体性使幼儿的思维缺乏灵活性。在日常生活中，幼儿常常"认死理"，比如在美工活动中，小朋友都在等教师发剪刀，可是中途剪刀发完了，教师又去拿。另一位老师给他们拿手工区的剪刀，他们说什么都不肯要。这时他们的老师回来说："没有剪刀了，你们就用手工区的吧。"可是这几个小朋友仍然不愿意用手工区的剪刀。

上述这些特点都是幼儿具体形象思维的不同表现。具体形象思维是幼儿期思维发展最主要的特征，这种特征在幼儿各种思维活动中都有表现，但是在不同的年龄，表现程度是有所不同的。

3. 幼儿晚期思维的特征

幼儿初期，由于思维水平和生活经验的局限，幼儿只能认识事物的外部特征。但到了幼儿晚期，不少幼儿开始能够对事物的一些本质特征进行初步认识。如有一个小实验，要求幼儿用杠杆想办法取到糖果，实验设置了三种条件，即三种解决问题的方式：第一种方式是可以直接摆弄杠杆，用直觉行动的方式来解决问题；第二种方式是看着图画中的有关物体，依靠具体形象思维的方式来解决问题；第三种方式是要求幼儿只凭借语言抽象地找出解决问题的方法。实验结果得出，不同年龄阶段的幼儿其思维水平有着显著差异。幼儿晚期抽象逻辑思维初步发展起来，但也只有少部分幼儿能用较为抽象的方式来思考问题。

🔗 知识拓展

苏联心理学家维果茨基曾经做过这样一个实验：在学前初期的幼儿面前摆出四张图画，分别为马、马车、人和狮子，让幼儿抽掉多余的一张。这时，幼儿毫不迟疑地将狮子抽掉，他认为："叔叔把马套在马车上坐着就走了，要狮子有什么用？狮子还可能把他和马吃掉，应该把狮子送到动物园里去。"但是，大班幼儿常常就不这样了，他可能将马车抽掉，把其余的图片留着，因为除了马车之外，其余的三张都是活的生物。

由此可见，幼儿的思维是有逻辑的，只是由于经验不足，判断推理往往不准确。在教育的影响下，这种思维的独特性就可以逐渐转变过来。到了学前晚期，在幼儿所能理解的事物范围之内，一般都能很好地进行合乎事物本身逻辑的判断和推理。虽然在进行这些判断和推理时，还缺乏自觉地分析、综合自己思维过程的能力。

（二）幼儿的概念、判断与推理的发展

概念、判断与推理是思维的基本形式，幼儿思维基本形式的发展特点也体现出幼儿思维的具体形象性。

1. 幼儿对概念的掌握

幼儿掌握的概念主要是日常的、具体的、熟悉的物体或动作，如鞋子、帽子、电视、汽车，走、跑、拿、举起等。在环境与教育的影响下，幼儿晚期还可以掌握一些较为抽象的概念，如团结、勇敢、礼貌等。幼儿掌握的概念还不太稳定，容易受周围环境的影响。

一些人通过下定义的方式来研究幼儿掌握实物概念的特点。幼儿初期所掌握的实物概念主要是他们熟悉的事物。他们给物体下定义多属直指型，如问幼儿"什么是狗"，他就会指着画上的或玩具说"这是狗"。幼儿中期已能掌握事物某些比较突出的特征，由此获得事物的概念。他们给物体下定义多属列举型。这时幼儿对上面的问题就会回答："狗有四条腿，还长着毛呢！看见小花猫就汪汪叫。"幼儿晚期开始初步掌握某一实物较为本质的特征，如功用的特征或若干特征的总和。他们给物体下定义多为功用型，但仍有对事物的描述。他们对上面的问题会回答如"狗是看门的""狗还可以帮人打猎""狗也是动物""狼狗最厉害"等。

此外，幼儿掌握空间概念和数概念都晚于实物概念，而且掌握起来比较困难。

2. 幼儿对事物判断、推理的特点

幼儿思维的具体形象性常表现在判断事物时从事物外在或表面的特点出发。

①幼儿对事物的判断、推理往往不合逻辑。

②把直接观察到的事物之间的表面现象或事物之间偶然的外部联系，作为判断事物的依据。例如，让幼儿比较三支铅笔，问幼儿："为什么第一支和第三支比第二支长？"不少幼儿会回答说："因为它是黄的，我妈那天还给我削铅笔呢！"

③以自身的生活经验作为判断、推理的依据。幼儿在对事物进行判断、推理时，常以自己的感受或经历过的事情为依据。例如，问一个中班幼儿："为什么皮球会滚下来呢？"幼儿会根据自己的经验回答说："因为它不愿意待在椅子上。"

（三）幼儿理解事物的特点

幼儿理解事物的水平不高、不深刻，常受外部条件的限制。

幼儿对事物的理解常是孤立的，不能发现事物之间的内在联系。年龄越小的幼儿，这个特点表现越明显。如让幼儿看一幅图，幼儿初期的孩子常常看到的只是个别的人或物。

幼儿理解能力的
发展

幼儿对事物的理解主要依靠事物的具体形象。如在听故事时，常需要图形或实物来辅助，或者依靠生动的语言引起大脑中的事物形象来帮助理解。

幼儿对事物的理解往往是表面的，不能理解事物的内部含义。如一个小朋友想上厕所，其他小朋友也要去，教师生气地说："去，去，去，都去！"这时幼儿根本不理解教师的意思，反而高高兴兴地一拥而去了。因此，教师在实际工作中一定要注意幼儿的理解特点，幼儿不能理解反语中的内部含义，要坚持正面教育，要多结合具体形象的事物来帮助幼儿去理解和做出判断。

🔗 知识拓展

头脑风暴法

亚历克斯·奥斯本（Alex Osborn）提倡的头脑风暴法是借助发散思维解决问题的一种具体表现。头脑风暴法是按照打破常规、出奇制胜的原则，致力于找到数量众多的解决问题的方法的一种思维形式，它能为问题的解决提出多种可能的路径。

一次美国北部下暴雪，压断了高压干线，造成了重大损失。为此，美国通用电气公司紧急召开工程讨论会，以期用头脑风暴法迅速找到最佳解决方案。围绕中心议题，公司鼓励专家畅所欲言。有人提议用加温装置消融积雪。主持人继续鼓励大家开动脑筋提出各自的绝招。又有人幽默地提出："最简单的莫过于用大扫帚在沿线清扫一回。"有人马上接过话题："那得把上帝雇来了。"这些怪念头和俏皮话，却启发了一位讨论参与者的思想火花："啊哈！上帝拖着扫帚来回跑，真妙！我们开一架直升机不就行了吗？""是的，飞机的速度和风力足以迅速吹掉高压线上的积雪。"最后，美国通用电气公司采纳了这一方案，实践证明它不仅行之有效，而且是最省钱的办法。

四、幼儿思维能力的培养策略

思维是智力的核心因素。一个人智力水平的高低，主要通过思维能力反映出来。而培养一个人思维能力的关键就要从幼儿时期开始。

（一）激发幼儿的好奇心和求知欲

幼儿的特征是爱美、喜新、好奇和求趣，一切美、新、奇、趣的东西都能引起幼儿极大的注意，并产生强烈的兴趣和表达欲望。美国心理学家杰罗姆·布鲁纳（Jerome Bruner）说："学习的最好刺激乃是对学习材料的兴趣。"因此，要带孩子走进生活，走进大自然，让孩子多走多看，用自己的眼睛去观察世界、认识世界，并用言语表达出自己对世界的认识。正如陈鹤琴先生所说："儿童世界是儿童自己去探讨发现的，他自己索求来的知识才是真知识。"思维的积极性与思维的发展紧密相关，提出问题、解决问题，就是积极思维的过程。幼儿在认识世界的过程中会提出很多问题，如"天为什么是蓝的""小树没有嘴，它是怎么吃饭长大的""风是从哪儿来的"。教师和家长应主动、热情、耐心地回答幼儿提出的问题，同时鼓励幼儿好问、多问，表扬他们会动脑筋，培养和训练幼儿探求知识的态度和方法。另外，教师和家长也可以多向幼儿提出各种他们能够接受的问题，引导幼儿在生活中多思、多想。如在活动区内布置自然角，园内开辟生物园地或带领幼儿到户外散步，组织参观访问活动等，让幼儿形成主动去掌握知识、乐于动脑筋解决问题的习惯，使幼儿的思维处于积极活动状态，促进幼儿思维的发展。

（二）丰富幼儿的感性知识经验

思维是在感知的基础上产生和发展的。人们对客观世界的认识，是通过感知觉获得大量具体、生动的材料，经过复杂的思维活动过程，从而反映出事物的本质和内在联系。幼儿的思维以具体形象思维为主，因此要丰富幼儿的生活经验，用直观形象的方式进行教育，充分利用日常生活所接触的各种材料、通过直接的操作和活动，发展幼儿的思维。例如，在数学教学中，通过点数实物，孩子开始真正理解数的含义，而只是口头上会数数并不代表孩子真正理解数。单纯的说教和书面知识的学习，因孩子的理解有限，所以学习效果一般。同时在幼儿的日常生活和游戏中，利用孩子所接触的各种事物，练习思维能力。例如，在认识小动物时，不是罗列一大堆动物的名字，让孩子知道动物的名称就可以了，而是通过分析，了解动物的主要特征。再如，孩子看到小鸡时，会对小鸡的外形有一个初步的认识，如毛茸茸的，通过分析可以了解小鸡的身体特征，如尖尖的嘴巴、圆圆的眼睛和细长的腿脚，幼儿会对小鸡有更清楚的认识。在此基础上，还可对小鸡和小狗等其他动物进行比较，找出它们的相同点和不同点，并根据特点进行分类、抽象和概括。在这个过程中，孩子逐步认识了动物的一些本质特征，大脑中就不是杂乱的、无序的动物名称，孩子的思维能力也就得到了锻炼和提高。

（三）发展幼儿言语、丰富幼儿词汇

语言是思维的工具，儿童言语的发展是儿童思维向着更高水平的抽象逻辑思维发展的必要条件。教师应当通过多种途径让幼儿掌握更多的词汇，能正确使用口头言语表达自己的想法，使幼儿的思维有一个准确、生动的表达工具。如可以通过讲故事、复述故事的方法，促进幼儿言语的发展和词汇的丰富，使幼儿能够正确理解和使用各种概念，推动思维灵活性、逻辑性的发展。

（四）在游戏中培养和发展幼儿的思维能力

游戏在幼儿思维发展的过程中起着重要的作用。在游戏中幼儿学会用表象代替实物作为思维的支柱，用思维方式代替实际行动，再经过进一步的抽象和概括，学会用语言符号进行思维。因此，要重视幼儿的游戏活动，应当鼓励幼儿学会玩，给幼儿提供适合他们年龄特点的、丰富的玩具。幼儿有天然的创造力，他们喜欢摆弄玩具，更喜欢自己动手制作玩具。让孩子通过彩泥、拼图、过家家、搭积木、画画等玩的过程去体验成功的愉悦，锻炼孩子的创造能力。著名心理学家皮亚杰认为，儿童的思维是从动手开始的，切断动作与思维的联系，思维就得不到发展。所以在拼拼凑凑、剪剪贴贴、一折一画中制作自己的作品，幼儿就能享受到前所未有的喜悦，也能增进对事物的兴趣与制作成功的信心，使幼儿"在玩中学、学中玩，玩学之中发展思维"。

📝 真题练习

单选题

1.幼儿期，幼儿大量使用的判断是（　　　）。（2023年青海招教真题）

A.形式判断　　　　　　　　B.客观判断

C. 直接判断   D. 间接判断

2. 人类认识活动的中心是（　　　）。（陕西招教真题）

A. 感觉   B. 知觉

C. 想象   D. 思维

3. 小红知道九颗花生吃掉五颗，还剩四颗，却算不出 9—5=？这说明小红的思维具有（　　　）。（2019 年上半年幼儿园教师资格证考试《保教知识与能力》真题）

A. 具体形象性   B. 抽象逻辑性

C. 直观动作性   D. 不可逆性

4. 妈妈带 3 岁的岳岳在外度假。阿姨打来电话问："你们在哪里玩？"岳岳说："我们在这里玩。"这反映了岳岳思维具有什么特征？（　　　）。（2021 年上半年幼儿园教师资格证考试《保教知识与能力》真题）

A. 具体性   B. 不可逆性

C. 自我中心性   D. 刻板性

5. 菲儿把一颗小石头放进小鱼缸里，小石头很快就沉到了缸底，菲儿说："小石头不想游泳了，想休息了。"从这里可以看出，菲儿思维的特点是（　　　）。（2019 年下半年幼儿园教师资格证考试《保教知识与能力》真题）

A. 直觉性   B. 自我中心

C. 表面论   D. 泛灵论

第六章真题练习
参考答案

第七章
幼儿言语的发展

◇ 本章导读

儿童在幼儿前期已经发展了初步的言语交往能力。在幼儿园的集体生活中，儿童交往对象的数量增多、交往的范围不断扩大。随着儿童感知、注意、记忆、思维等认知能力的发展，他们的言语能力也迅速地发展起来。幼儿期是掌握本民族口头言语的最佳时期，口头语言的发展也为儿童学习书面语言打下了良好的基础。通过本章的学习，你将对幼儿言语发展的特点有更系统和深入的了解。

◇ 学习目标

素质目标
1. 树立以人为本的职业理念，关爱幼儿，尊重个体差异。
2. 热爱中国的语言文字，增强民族文化自信。
3. 感受语言魅力，提高自身语言修养。

知识目标
1. 了解言语的含义及其分类，把握言语和语言的区别。
2. 掌握幼儿言语的发展特点。
3. 掌握幼儿言语的培养策略。

能力目标
1. 学会分析幼儿言语发展的特点。
2. 学会测评幼儿言语的发展状况。
3. 能初步设计促进幼儿言语能力发展的活动方案。
4. 能运用有效策略促进幼儿言语能力的发展。

✧ 思维导图

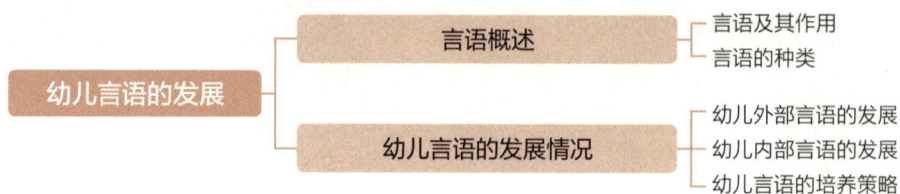

✧ 情境导入

　　港港4岁的时候，因为父母工作忙，经常要出差，被送到上海的外婆家由外婆照顾。过了半年，父母去上海看他的时候，发现他已经不说北京话了，而是"阿拉""侬"的一口上海腔。这小孩学说话学得多快啊！港港的父母想，要是把孩子送到在美国工作的大姨那儿，不到一年是不是也能说一口流利的英语了呢？想想自己，参加工作后才开始学英语学得有多难啊！

　　请你分析，港港父母的这种猜测有没有道理？幼儿为什么学语言比大人容易呢？他们的语言能力是天生的吗？幼儿的语音、词汇、句法和语言运用能力是怎样不断丰富和完善的？怎样才能有效促进幼儿的语言发展？

第一节　言语概述

一、言语及其作用

（一）言语的定义

言语是个体借助语言传递信息、进行交际的过程。言语和语言是两个既有区别又有联系的概念，语言是以词为基本单位，以语法为构造规则而组成的符号系统。它的形成是一种社会现象，它在人类社会实践活动中产生，并随着人类社会的发展而发展。每个民族都有自己的语言，人们把语言作为相互交际的工具。而言语是个体在不断掌握、运用和理解语言的过程中发生的心理现象。人们可以使用不同的语言，但其心理过程有普遍的规律。言语是心理学研究的对象。言语和语言又是密不可分的，作为心理现象的言语不能离开语言而独立地进行。一方面，儿童只有在一定的语言环境中才能学会并进行言语交流；另一方面，语言也只有在人们的言语交流活动中才能发挥它的作用，并不断得到丰富和发展。

（二）言语的作用

1. 言语的符号固着功能

言语的符号固着功能是指人们言语中的每一个词都代表一定的对象。例如"动物""水果"等词都是某一类特定对象的称呼。当人们说出某些词时，其他人都理解它们所代表的事物。这是人们在长期的交往中约定俗成、固定下来的。正因为言语具有这种功能，人们才能通过它互相交流思想，达到彼此了解。

2. 言语的概括功能

任何一个词都代表着一类事物和一类现象，是具有概括性的。例如"狗"这个词既代表李家的黄狗，也代表王家的花狗，是一切具体狗的总称。不过，不同的词，其概括程度有所不同，如"动物"这个词比"狗"包括更多的对象；"生物"则又比"动物"包括更多的对象。人借助词的帮助，才能进行抽象思维，认识事物的本质，发现客观事物的规律。

3. 言语的交流功能

正因为言语有符号固着功能和概括功能，因而形成的第三个功能便是交流功能。人们在言语活动中传递知识，唤起他人产生同样的思想和情感，也能让他人感受到说话者的意图，协调一致地行动。

言语在儿童心理的发展中有极为重要的意义。儿童的心理，主要是在和成人的交际过程中吸取人类经验而发展起来的。言语产生之后，儿童就可以通过和成人的言语交际，了解那些除自己直接经验之外的事物，心理反映逐渐成为个体经验和社会经验的总和。即使是刚刚掌握言语的幼小儿童，其心理反映的内容也远比他自己狭隘的直接经验要广泛得多，丰富得多，同时也深刻得多。更重要的是，掌握言语之后，儿童的心理机能发生了重大变化，形成了新质的意识系统，具体体现为：高级心理机能开始形成，低级心理机能得到改造；意识和自我意识产生，个性开始萌芽。

（三）语言和言语的区别

语言和言语是两个不同的概念，应该加以区别。语言是全民的、抽象的、有限的、静态的系统（知识）；言语是个体的、具体的、无限的、动态的现象（话语）。

1. 语言具有全民性，言语具有个体性

语言既然是存在于全体社会成员之中的相对完整的抽象符号系统，它对于社会成员来说就是全民的，无论是从语言的创造者、使用者，还是语言本身，语言都具有全民性。而言语则具有个人性，每个人说话都带有许多个人的特点，如地域、性别、年龄、文化素养、社会地位等，言语是个人对语言形式和规则的具体运用。

2. 语言是抽象的，言语是具体的

语言是对同一集团所有人所说的话的抽象，它排除了一切个体差异，只有作为语言而存在的共性。言语是运用语言的过程和结果，因此人们只能直接观察到言语（外部言语），语言学家只能对大量的言语素材进行抽象概括，才会从中发现语言的各种单位和规则。如前所述，人们对于语言的认识通常是从语言的具体现象开始的，人们所说的话都是具体的，或通过听觉，或通过视觉，言语常常带有具体的特点。

3. 语言是有限的，言语是无限的

世界上没有两个人说话会完全一样，但是没有一个人能脱离共同的语言规则而达到交流。言语就是说话，是一种行为动作及其结果，一个人一生中究竟要说多少话，要写多少东西，这是无法计算的。任何一种语言的句子是无限的，每个人根据交际需要说出的话语的内容是纷繁芜杂、各种各样的。但是，就某一语言而言，所能辨别的语音是有限的，词的数量和构词规则是有限的，组词造句的规则也是有限的。语言是一个有限语言单位的集合，这些有限的语言单位都是按照一定规则组织成一个系统，音义结合的词汇系统和语法系统，人们的一切言语活动在这个系统中运行。而在具体的言语活动中，作为一个行为过程，人们所能说出的话语是无限的，每句话语的长短在理论上也应该是无限的，任何一句话都可以追加成分而使它变得更长。利用有限的符号及其规则说出无限的话来，这是言语活动的特点。

4. 语言是静态的，言语是动态的

在人们运用语言的活动中，就人们运用的语言而言，语言的规则都是现存的、约定的，不允许处于经常的变动之中，这是言语活动得以进行的前提和基础，否则人类就无法交际。因而，语言在一定时期内处于静止状态。当然，随着社会的变化、语言的发展，语言也会出现适应性变化。所以，语言的静止是相对的，静中有动。而言语就不同了，言语活动总是在说话人和听话人之间展开，从说到听是一个动态的过程。言语交际的过程也就是信息传递的过程。在这个过程中，语言充当信息传递的代码，说话人通过语言来发送信息，听话人通过语言来接收信息，其间经历编码、发送、传递、接收和解码等几个连续衔接的过程。

二、言语的种类

言语分为外部言语和内部言语。外部言语又可以分为口头言语和书面言语两种。

（一）外部言语

1. 口头言语

口头言语是指以听、说为主的言语，它通常以对话和独白的形式来进行。人们在对话时，有交际对象在场，相互之间有应答和支持。对话是在两个或更多的人之间进行的，大家都积极参加的一种言语活动，如聊天、座谈、讨论等。对话言语的突出特点是具有"情境性"，即交谈者的一些思想并不完全在言语中表达出来，而是辅之以表情、动作等非言语手段。由于交谈者对所谈的内容都有所了解，所以发言人的一个词或一个眼神就能使大家"意会"到他要表达的意思，即对话时常用情境性言语。情境性言语只有在结合具体情境时，才能使听者理解说话人所要表达的思想内容，而且往往还需要说话人运用一定的表情和手势作为自己言语活动的辅助手段。

独白言语是一个人在较长的时间内独自进行的言语活动，如报告、讲课、演讲等。独白言语和对话言语有所不同，独白言语没有交谈者的言语支持，独白之前往往需要做好准备，表达时要求完整、连贯，发言人为使听众深刻理解发言内容，必须用连贯、准确的言语表达清楚自己的意思。所以，独白言语是比对话更为复杂的言语活动。

2.书面言语

书面言语是指人们用文字来表达思想和情感的言语。无论从人类的发展历史还是从个体发展的过程来看，书面言语的发生都晚于口头言语。儿童总是先掌握口头言语，在此基础上，通过专门训练逐步掌握书面言语。

书面言语通常以独白的形式进行，它并不直接面对对话者，不能借助表情、声调和手势来表达思想和情感。儿童掌握书面言语一般要经过识字、阅读和写作三个阶段。识字是基础，是使用书面言语的手段，学会阅读和写作才是儿童言语发展的最重要因素。

人们掌握了书面言语，便摆脱了具体事物和时空的限制，开阔了视野，扩大了接受知识的范围，自主接受人类文化遗产，促进科学的进步。同时也使个体的心理活动变得更丰富、更深刻，使口头言语变得更精确、更符合逻辑。

（二）内部言语

内部言语是指只为语言使用者所意识到的内隐的言语，也叫作不出声的言语。它是人们进行思维活动时凭借的主要工具，通常以简缩的形式进行。如果说，用于交往的言语是"宣之于外"的外部言语，那么，用于调节的言语则主要是"隐之于

自我中心言语

内"的内部言语。内部言语的对象不是别人，而是自己，是自己思考问题时所用的一种特殊的言语形式。内部言语的特点是隐蔽发音，默默无声，比较简约、压缩，与思维密不可分，主要执行自觉分析、综合和自我调节的功能。

内部言语与外部言语相互联系、互相促进。口头言语和书面言语是内部言语的外显表现，口头言语和书面言语的发展推动内部言语的发展，而内

部言语的发展又有助于口头言语和书面言语的提高。

🔗 知识拓展

语言获得理论

1. 环境论。环境论者强调环境和学习对语言获得的决定性影响。环境论有以下几种。

（1）模仿说。传统的模仿说认为，儿童学习语言是对成人语言的临摹，儿童语言只是成人语言的简单翻版。选择性模仿说认为，儿童学习语言并非对成人语言的机械模仿，而是有选择性的。

（2）强化说。从伊万·巴甫洛夫（Ivan Pavlov）的经典条件反射学说和两种信号系统学说到伯尔赫斯·斯金纳（Burrhus Skinner）的操作条件反射学说，都认为语言的发展是系列刺激反应的连锁和结合。

（3）社会交往说。社会交往说认为儿童不是在隔离的环境中学语言，而是在和成人的语言交往实践中学习。

2. 先天决定论。该理论否定环境和学习是语言获得的因素，强调先天禀赋的作用。

（1）先天语言能力说。主要是由艾弗拉姆·乔姆斯基（Avram Chomsky）提出的。他认为，决定幼儿能够说话的因素不是经验和学习，而是先天遗传的语言能力，即普遍的语法知识。

（2）自然成熟说。埃里克·勒纳伯格（Eric Lenneberg）认为，生物的遗传素质是人类获得语言的决定因素，语言以大脑的基本认知功能为基础，语言的获得有关键期。

3. 环境与主体相互作用论。以皮亚杰为代表的一派主张从认知结构的发展来说明语言发展，认为儿童的语言能力仅仅是大脑认知能力的一个方面，而认知结构的形成和发展是主体和客体相互作用的结果。

第二节　幼儿言语的发展情况

儿童在幼儿前期已经发展了初步的言语交往能力。在与成人不断交往的过程中，在实践活动中日益复杂化的基础上，儿童的言语能力迅速发展起来。幼儿期是幼儿言语不断丰富的时期，是熟练掌握口头语言的关键时期，也是从外部言语逐步向内部言语过渡并初步掌握书面言语的时期。

一、幼儿外部言语的发展

（一）幼儿口头言语的发展

幼儿口头言语的发展，主要表现为掌握语音、词汇、语法，以及口语表达能力的发展。

1. 语音的发展

3岁前儿童在语言发展方面已经取得了巨大提升，完成了从感知语言（或理解语言）到说出语言的过渡。

儿童完成从感知向说出语言过渡经历了以下过程。儿童在周围环境的影响下，特别是在成人的反复教育下，所发出的声音逐渐与某一特定的具体事物联系起来，以后只要听到这个词的声音就能引起相应的反应。例如，成人说"袜袜呢"，儿童就看"袜袜"（这是一种定向反应）。此时儿童还只是对词的声音做出反应。约在婴儿末期，在词的声音和物体或动作相联系的基础上，儿童才逐渐对词的内容发生反应，开始"理解"词的意义。但这时，儿童能听懂的词是十分有限的，成人所说的词要伴随相应的动作（如一边说"拍手"，一边做拍手的动作），儿童才能听懂。

在婴儿期语音发展的基础上，2～3岁幼儿的言语发展有了明显的进展。一般认为，在这个阶段，儿童言语发展分为两个子阶段：从1岁到1岁半是理解言语阶段，儿童对成人所说语言的理解有了进一步发展；从1岁半到3岁，是儿童的积极言语发展阶段。到3岁末时，他们已经完成了从感知语言到说出语言的过渡，为3岁以后语言的发展奠定了基础。

4岁左右儿童的正确发音率有明显提高。一般认为，在正常教育下，4岁儿童语音发展基本结束，已经能够掌握本民族语言的全部语音。但在实际使用语音时，对有些音往往发不准确。因此，教师必须重视幼儿的发音练习，尤其是4岁左右的幼儿，更应实施正确的语音教育。只要不是生理缺陷，在正确教育的影响下，幼儿末期都能正确发出各种语音。

2. 词汇的发展

言语是由词以一定方式组成的，因此词汇的发展可作为言语发展的重要标志之一。其发展可从词汇的数量和词类、词义的变化等方面来分析。

（1）词汇量的增加

幼儿期是人一生中词汇量增加最快的时期。在幼儿期内，词汇量年年增加。据资料统计表明，3 岁幼儿词汇为 800 ～ 1100 个，4 岁为 1600 ～ 2000 个，5 岁则增至 2200 ～ 3000 个，6 岁时词汇数量可达 3000 ～ 4000 个。[①]

（2）词类范围日益扩大

幼儿词汇的发展，还表现在他们所掌握的词类范围日益扩大。在幼儿所掌握的词汇中，主要是意义比较具体的实词。其中又以名词为最多，其次是动词，再次是形容词，最后才是副词。幼儿也逐渐掌握了一些比较抽象且不能单独用来回答问题的虚词，如介词、连词等。同时，幼儿所掌握的词汇的内容也在不断丰富和扩大。他们不仅掌握了许多和自身生活经验有关的具体的词，也掌握了不少较抽象的词，如"家具""玩具"等。可见幼儿所掌握的词汇，内容丰富，涉及范围较广。

（3）词义逐渐丰富和加深

幼儿期，随着生活经验的丰富，以及幼儿思维的发展，词的概括性联系系统也逐渐发展，对词义的理解趋向丰富和深刻化。例如，"兔子"一词，对年龄较小的幼儿来说，意味着只是兔子的外形特征，而对年龄较大的幼儿来说，还包括兔子的生活习性，兔子和人类的关系等。此外，幼儿使用词语的积极性在增加，既理解又会运用的积极性词汇在增多，只理解不会正确使用的消极性词汇也在增多，于是出现乱用或乱造词的现象。例如，把"一个人"说成"一只人"，把"一条裤子"说成"一件裤子"等。

总的来说，幼儿对词义的掌握是不够丰富和深刻的。对于多义词，幼儿通常不能掌握它的全部意义，只能掌握其最基本和最常用的意义，对词的引申义几乎不能掌握。

3. 语法的发展

人类所有的言语都具有复杂的语法结构。幼儿要学会某种语言就必须掌握该语言的语法结构，否则就很难理解别人的言语，也不能很好地表达自己的思想。幼儿在与其他人的不断交往中，自然掌握了一些语法结构和句型，表现在以下几个方面。

（1）句子从简单到复杂，从不完整到完整

幼儿在句子的习得过程中，最初出现的是单词句，如"狗狗"，可能指的是所有的四脚动物。后发展为双词句（电报句），如"妈妈，饭饭"，可能

① 陈帼眉. 幼儿心理学 [M]. 北京：北京师范大学出版社，2017.

表示"饭是妈妈的"，也可能是表示"妈妈在吃饭"。而后又发展到简单句，如"我叫小明，我爱画画"。最后出现结构完整、层次分明的复合句，如希望被评价时，会说："我是个好孩子，是吧，妈妈。"

幼儿最初会说的句子不仅简单，而且常常不完整，经常漏缺句子成分或者句子排列不当。原因可能与幼儿思维中的以自我为中心有关，他们误以为自己明白的事情别人也明白。而且幼儿说话时带有很强烈的感情色彩，往往把容易激起兴趣和情绪的事物当作重点，急于抢先表达出来，因而在说话时往往把宾语提前了。例如，幼儿可能向家长这样转述他所看到的某一场景："摔了一跤，在滑梯上，她哭了。"目的是告诉父母有个小朋友在滑梯上摔倒了，哭了。一般到 6 岁左右，幼儿的句子表述才会比较完整，如说因果复合句时，能说出关联词"因为"等。

（2）句子从无修饰语到有修饰语，长度由短到长

幼儿最初使用的简单句并无修饰语，随着幼儿词汇量的增加，使用修饰语的能力增强，逐渐发展到有简单修饰语和复杂修饰语的句子。幼儿句子的长度也在增长。华东师范大学的研究人员分析了 2～6 岁幼儿简单陈述句平均长度的发展，发现 2 岁时幼儿句子的平均长度为 2.9 个词，3.5 岁时为 5.2 个词，6 岁时增长到了 8.4 个词。[1] 句子长度的增长表明了幼儿言语表达能力的进一步提高。

（3）句子从混沌一体到逐步分化

幼儿早期语言的功能中表达情感（如表示"高兴"与"不高兴"）、意动（语言和动作结合表示愿望）和指物（叫出某一物体的名称）三方面是紧密结合、没有分化的，表现为同一句话在不同场合可以表达不同的内容。例如，儿童说出单词句"糖糖"，既可能是指物的功能，表达出"这是糖糖""我看到了糖"的意思；也可能是意动的功能，表达出"我要吃糖""给我糖"的含义；还可能是情感的功能，表达出"我看见糖很高兴"的意思等。3 岁以后，这种没有分化的现象就会越来越少。

幼儿语句功能的逐步分化还表现在词性和句子结构的逐步分化上。幼儿早期使用的词语不分词性，往往把名词和动词混用，还把名词词组当作一个词来使用。如"嘭嘭嘭"，既可表示名词"枪"，也可表示动词"开枪"。他

---

① 邓赐平. 儿童发展心理学 [M]. 上海：上海华东师范大学出版社，2023.

们最初使用没有主谓之分的单词句，之后才发展到层次分明的复合句。幼儿这种句子功能混沌不分的现象反映了其认知水平的低下。

4. 口语表达能力的发展

随着语音的发展、词汇的丰富和对语法结构的逐渐掌握，学前儿童的口语表达能力也逐渐发展起来。

（1）对话言语的发展和独白言语的出现

幼儿前期的孩子，大多是在成人的陪伴下进行活动的，所以言语基本上都是采取对话的形式。进入幼儿期，对话言语进一步发展，他们不但能回答问题、提出问题或要求，还能在协调中进行商议性对话。如进行角色游戏时，会互相商量安排游戏情节等。随着幼儿独立性的发展及活动范围的扩大，幼儿常常离开成人进行各种活动，需要独立向别人表达自己的意见和建议、体验和想法，这就促进了独白言语的产生和发展。

讲述能力的发展是幼儿独白言语能力发展的重要体现。幼儿初期，幼儿只能主动讲述自己生活中的事情，但句子很不完整，常常没头没尾，让人听得莫名其妙。到了幼儿末期，幼儿不但能系统叙述，而且能大胆自然、生动有感情地描述事情。

（2）从情景性言语到连贯性言语的发展

情景性言语往往与特定的场景相关，说话者事先不会有意识地进行计划，往往想到什么就说什么。连贯性言语是指句子完整、前后连贯，能反映完整而详细的思想内容，使听者从语言本身就能理解所讲述的意思的言语。3～4岁的幼儿，甚至5岁的幼儿言语仍带有情景性。他们说话断断续续的，并辅以各种手势和面部表情，对自己所讲的事丝毫不做解释，似乎谈话对方已完全了解他所讲的一切。到了6～7岁时，幼儿才能比较连贯地进行叙述，但其发展水平也不是很高。连贯性言语的发展使幼儿能够独立清楚地表达自己的思想，同时独白言语也发展了起来。教师应抓住这一时机，促进情景性言语向连贯性言语的过渡，促进幼儿连贯性言语的发展。

家长和老师要创设适宜的环境并组织幼儿参与多种活动，加强教育和训练，发展幼儿的连贯性言语，使幼儿能够不离题地完整地表述自己的思想，学会通过自己的语言调节自己的行动，发展幼儿的口语表达能力，为幼儿进入小学做好准备。

🔗 **知识拓展**

学前儿童的口吃现象

口吃是语言的节律障碍，主要表现为说话中不正确的停顿和重复。学前儿童的口吃，部分是生理原因，更多的是心理原因所致。口吃出现的年龄以2～4岁为多，2～3岁一般是口吃开始发生的年龄，3～4岁是口吃的常见期。

口吃的心理原因之一是说话时过于急躁、激动、紧张；另一种原因可能是模仿。学前儿童的好奇心和好模仿的心理特点使他们觉得口吃"好玩"，加以模仿，不自觉地形成了习惯。在幼儿园，口吃有时似乎是一种"传染病"能迅速蔓延，原因就在于此。

解除紧张是矫正口吃的重要方法。特别是4岁以后，儿童已经出现对自己语言的意识，成人如果对他的口吃现象加以斥责或要求改正过急，将会加剧其紧张情绪，使口吃现象恶性循环，甚至导致儿童回避说话，难以纠正口吃。这种情况发展下去，还将会对儿童的性格产生不良影响，导致孤僻等性格特征。

（二）幼儿书面言语的发展

书面言语产生的基础是口头言语。在学前阶段，幼儿正处于口头语言发展的关键时期。幼儿在进入小学之前，已掌握了95%的口头言语。口头言语的迅速发展，为书面言语的学习做了充分的准备。到了幼儿晚期，幼儿往往主动要求识字、读书。幼儿书面言语的发展包括：初步的识字能力和早期阅读能力的发展。

1. 初步的识字能力

识字是学习书面言语的一种内容和方式。初步的识字能力并不仅仅是指能识一定数量的字，而是要让幼儿了解一些有关书面言语的信息，提高学习书面言语的兴趣。通过识字，让幼儿能够理解文字的作用，知道文字有具体的意义，可以念出声来；还可以把文字与日常说的口语对应起来；又能习得一定的识字规律。教师可以通过一些识字活动设计来培养幼儿初步的识字能力，如"送字宝宝回家"。这样的活动可以让幼儿感受到识字活动的乐趣，找出相同的字的同时又复习了这些字词，能不断提高幼儿的识字能力。

2. 早期阅读能力

早期阅读是指幼儿凭借图像、符号、色彩、文字和已有的口语表达能力，有时也借助成人的朗读、讲解来理解读物的活动。早期阅读是幼儿开始接触书面语言的途径。通过早期阅读，幼儿认识了更多的伙伴，接触到了更为丰富和规范的语言句式、形象化的语言表达方式和不同的语言风格，扩大了词汇量，自我获取语言材料的能力也得到了提高。这些宝贵的经验积累，为幼儿日后读写奠定了良好的基础。

幼儿教师和家长要根据幼儿的年龄特点，为幼儿识字和早期阅读能力的发展创设适宜的环境，培养幼儿的阅读兴趣，养成良好的阅读习惯。

🔗 知识拓展

什么是早期阅读

早期阅读，顾名思义，就是指学前期儿童的阅读。一谈到阅读，家长们首先想到的可能就是看书、识字。其实，对于学前期幼儿来说，阅读是一个相当宽泛的概念。成人阅读的材料主要是文字，而对于幼儿来说，除文字外，图画、成人的语言都是他们的阅读材料，都是他们文字阅读的基础。成人阅读主要依靠视觉，而对于幼儿来说，他们听成人讲故事、自己复述故事、发表自己对故事的意见都属于阅读的范畴。可以说，所有有助于幼儿学习阅读的活动行为，我们都可以称之为阅读。

二、幼儿内部言语的发展

从外部言语到内部言语，幼儿口语表达能力的发展体现了一个从外到内的过程，即从对话言语发展到独白言语，后又从独白言语过渡到言语产生内部言语。

4岁左右，幼儿开始出现过渡言语，即出声的自言自语。幼儿前期没有内部言语，到了幼儿中期，内部言语才产生。幼儿时期的内部言语在发展过程中，常常出现一种介乎外部言语和内部言语的过渡形式，即出声的自言自语。这种自言自语有两种形式，即游戏言语和问题言语。

（一）游戏言语

游戏言语是指在游戏和活动中出现的言语，其特点是一边做动作，一边说话，用言语补充和丰富自己的行动。例如，幼儿一边搭积木，一边发出声音："这个放上边，这个放下边，这是个大桥，轰，塌了……"这种言语通常比较完整、详细，有丰富的表现力。

（二）问题言语

问题言语是指在活动进行中碰到困难或产生问题时产生的言语，常用来表示对问题的困惑、怀疑或惊奇及解决问题所采用的方法。这种言语一般比较简单、零碎，由一些压缩的词句组成。例如，幼儿在搭积木时，一边看着盒子里的积木，一边自言自语："这个放哪儿？放这儿？……不对！那放这儿？……哎呀，也不行！对了，放这儿，好了，哈，大象。"

对于不同年龄的幼儿，这两种言语所占的比例是不同的。一般来讲，3～5岁幼儿"游戏言语"占多数，6～7岁幼儿则"问题言语"增多。

幼儿中期以后，内部言语逐渐在自言自语的基础上形成。原来由自言自语担负的自我调节功能，随着年龄的增长逐渐由内部言语来实现。

三、幼儿言语的培养策略

在幼儿期，幼儿言语发展方面的提升是巨大的：他们已能掌握本民族的全部语音，词汇量迅速增加，使用的句型增多且语句完整，能连贯地表达自己的思想，并且随着内部言语的产生，言语的自我调节功能也得以发展。总之，幼儿期是人生言语发展的一个重要时期。因此，无论是教师还是家长都应重视幼儿言语的培养和训练，努力发展幼儿潜在的言语能力。

（一）培养发音技能

随着年龄的增长，幼儿的发音能力也在迅速发展。但幼儿对声母的发音正确率较低，3岁幼儿往往还不能掌握某些声母的发音方法。如幼儿对"g"音和"d"音，"n"音和"m"音常常混淆；对齿音"z""c""s"和翘舌音"zh""ch""sh"发音错误率

幼儿口吃现象

也较高。因此，家长和教师不仅要以自己正确的发音为幼儿做出示范并注意纠正幼儿的错误发音，还要注意对幼儿进行发音技能的训练。如教师可给幼儿朗读顺口溜、诗歌或绕口令，要求幼儿发音并注意其口型是否正确。教师对发音不准的孩子要有耐心，以消除他的紧张感；对具有发音障碍的幼儿要予以鼓励，以提高他的积极性。此外，培养和训练幼儿的发音技能不能只局限于个别发音的训练，还应注意幼儿发音的清楚程度、语调及对音的强弱控制能力。只有全面训练，才能真正提高幼儿发音的准确度。

（二）提供言语发展环境

言语发展需要环境，如果剥夺和限制儿童言语发展的环境，儿童将难以

掌握语言。

1. 拓展生活空间，丰富幼儿语言素材

生活是语言的源泉，没有丰富的生活，就不可能有丰富的语言。幼儿生活范围狭小、内容单调，语言发展就迟缓，语言也就贫乏。因此，丰富幼儿的生活经验，扩大生活环境，以幼儿的感性认知为切入点，丰富幼儿的语言素材，是发展幼儿言语能力的有效策略。如教师带领幼儿走进大自然、走进社区，使活动空间不断延伸，并创设丰富的活动内容，拓宽人际交流的空间。随着活动范围的不断扩大，幼儿的阅历丰富了，词汇、句式不断积累，句子表述逐渐完整，语言的理解能力不断提高，语言也会不断丰富。

2. 创造条件，让幼儿体验语言交流的乐趣

言语本身就是在交往中产生和发展的，要为幼儿创设自由、宽松的语言交往空间；并重视幼儿在交往中用词的准确性和完整性，激发幼儿自发、自信地参与语言交流的愿望。教师要帮助幼儿体验语言交流的乐趣，如每日为幼儿增设一段自由说话的时间，保证幼儿有与自己朋友交谈、与老师交往的自主性，也有随意安排谈话内容的自由性。教师可以从旁关注他们交流的内容，也可以同伴的身份加入谈话。自由、宽松的语言交往环境，使幼儿在通过交互传递语言信息中体验交流乐趣的同时，言语表达能力也获得发展。

3. 组织各种有利于言语发展的活动

幼儿无论学习什么，都需要经过反复的实践练习，才能更好地理解掌握。因此，教师应经常组织儿歌会、朗诵会、故事会等，给幼儿创造练习口语的条件和机会。采取的方式可以是幼儿举手自愿朗诵、讲述，或是分小组进行，有时则用击鼓传花等形式让幼儿轮流朗诵和讲述，尽量使每个幼儿都有得到练习和锻炼的机会。幼儿可以讲老师讲过的故事、唱老师唱过的儿歌，也可以讲父母教过的故事。在这些活动中，幼儿学习了更多新的词汇，学会用清楚、正确、完整和连贯的语言描述周围的事物，表达自己的情感和愿望。

🔗 知识拓展

儿歌

儿歌是以低幼儿童为主要接受对象的具有民歌风味的简单诗歌。它是儿童

文学最古老也是最基本的体裁形式之一。儿歌是民歌的一种，全国各地都有。内容多反映儿童的生活情趣，传播生活、生产知识等。儿歌歌词多采用比喻手法，词句音韵流畅，易于上口；曲调接近语言音调，节奏轻快，有独唱或对唱。儿歌中既有民间流传的童谣，也有作家创作的诗歌。

我国古代称儿歌为童谣或童子谣、孺子歌、小儿语等，《左传》中有"卜偃引童谣"的记载。它原属民间文学，随着社会文明的进步，儿歌才成为儿童文学的重要形式之一。"儿歌"这一名称在我国的正式使用，是在"五四"以后歌谣运动大发展时期。儿歌一般比较短小，句式多样，富有变化，节奏鲜明，朗朗上口，易念、易记、易传。儿歌的表现手法有拟人、反复、重叠、对答、比喻、夸张、联想等，其中被运用较多的是拟人。

（三）提供良好的榜样示范

模仿是幼儿的天性，幼儿正处于言语学习的关键期，成人的语言对幼儿的言语学习影响非常大。幼儿的发音、遣词用句甚至说话的神情、语调都酷似他们的父母或最亲近的人。成人良好的榜样示范作用，对幼儿言语的发展起着潜移默化的作用。因此，成人必须规范自己的言语，主动纠正自身的错误，为幼儿提供积极、正面的影响。

🔗 知识拓展

亲子共读

亲子共读，又称亲子阅读，是指在家庭中大人与孩子一起阅读。从阅读活动的内容来看，除了核心的阅读活动外，亲子阅读可以从选书的时候开始，一直到读后的交流，形成一个"选书—读书—聊书—再选书—再读……"循环的过程。从共读的形式上看，亲子共读可以是大人读给孩子听，也可以是孩子读给大人听，还可以是自己读给自己听（默读或读出声音）；除了"读"的形式，还可以有表演、图画、手工、实验等多种形式，重要的是大人与孩子一起享受这个过程。

因此，从广泛的意义上说，亲子共读可以理解为大人与孩子共同分享多种形式的阅读过程。

（四）培养"前读写"兴趣

幼儿在书面语言方面处于准备期，在为读写做准备中。教师应以培养其读写兴趣为重点，对其读写要求不要过于严格，要多鼓励幼儿，提高他们学习的积极性，肯定他们的学习态度和成绩，提高他们的识字兴趣和识字能力水平。

教师和家长要共同协作，帮助幼儿进行阅读准备，培养幼儿的初步阅读能力。如教师在幼儿园设立专门的图书角，投放适宜幼儿的读物，组织幼儿分享读书收获，及时提醒和督促幼儿纠正不正确的阅读方式，养成良好的阅读习惯。

🔗 知识拓展

《3～6岁儿童学习与发展指南》中培养儿童语言能力的教育建议

1. 为幼儿创造说话的机会并体验语言交往的乐趣。

（1）每天有足够的时间与儿童交谈，如谈论他感兴趣的话题，询问和听取他对自己事情的意见等。

（2）尊重和接纳儿童的说话方式，无论儿童的表达水平如何，都应认真地倾听并给予积极回应。

（3）鼓励和支持儿童与同伴一起玩耍、交谈，相互讲述见闻、趣事或看过的图书、动画片等。

（4）方言和少数民族地区应积极为儿童创设用普通话交流的语言环境。

2. 引导儿童清楚地表达。

（1）和幼儿讲话时，成人自身的语言要清楚、简洁。

（2）当儿童急于表达而说不清楚的时候，提醒幼儿不要着急，慢慢说；同时要耐心倾听，给予必要的补充，帮助他理清思路并清晰地说出来。

（资料来源：根据《3～6岁儿童学习与发展指南》相关内容整理而成。）

📝 真题练习

单选题

1. "我跑得快""我是个能干的孩子""我会讲故事""我是个男孩"，这样的语言描述主要反映了幼儿哪方面的发展？（　　）。（2020年下半年幼儿园教师资格证考试《保教知识与能力》真题）

A. 自我概念　　　　　　　B. 形象思维

C. 性别认同　　　　　　　D. 道德判断

2. 关于幼儿言语的发展顺序，正确的表述是（　　）。（2022年上半年幼儿园教师资格证考试《保教知识与能力》真题）

A. 言语理解先于言语表达

B. 言语表达先于言语理解

C. 言语理解与言语表达平行发展

D. 言语理解与言语表达独立发展

3. 发展幼儿语言表达能力的关键是让他们（　　　）。（2022 年下半年幼儿园教师资格证考试《保教知识与能力》真题）

A. 多交流多表达　　　　　　B. 多模仿别人说话

C. 多认字多写字　　　　　　D. 多背诵经典

第七章真题练习
参考答案

第八章
幼儿情绪和情感的发展

◇ **本章导读**

    幼儿期幼儿的情绪情感正处在发展的关键期；但同时，幼儿对情绪情感的调节能力较弱。因此，培养幼儿积极向上的情绪情感，对幼儿的发育成长有重要意义。积极的情绪情感不但能促进幼儿身体健康的发展，还能促进幼儿智力的发展，有利于其形成良好的行为习惯。如何发挥情绪情感在幼儿心理发展中的作用，需要幼儿教师了解情绪情感的一般规律，尤其是幼儿情绪情感的一般特点，并有针对性地提出培养策略。

◇ **学习目标**

素质目标

1. 养成合群乐观、健康向上的积极情绪情感。
2. 激发敬业爱生、无私奉献、艰苦奋斗的职业精神。
3. 具有强烈的好奇心和求知欲，不断学习知识，实现对真理的追求。

知识目标

1. 了解情绪情感的概念、种类和作用。
2. 掌握分析幼儿情绪情感的基本理论。
3. 学会培养幼儿良好情绪情感的方法。

能力目标

1. 学会分析幼儿情绪情感发展的特点。
2. 学会测评幼儿情绪情感的发展状况。
3. 能初步设计促进幼儿良好情绪情感发展的活动方案。
4. 能运用有效策略促进幼儿情绪情感的发展。

◇ 思维导图

```
                                              ┌── 情绪和情感的定义
                                              ├── 情绪和情感的区别与联系
                        ┌── 情绪和情感概述 ──┼── 情绪和情感的功能
                        │                     ├── 情绪和情感的种类
                        │                     └── 情绪和情感的作用
幼儿情绪和情感的发展 ──┤
                        │                            ┌── 幼儿情绪的发展特点
                        └── 幼儿情绪和情感的发展情况 ──┼── 幼儿情感的发展特点
                                                       └── 幼儿健康情绪和情感的培养
```

◇ 情境导入

　　新来的小王老师被园长分在了小班，开学第一周她发现：班上的幼儿早上上幼儿园时一般都会有哭闹和不情愿的情况发生。有时一个幼儿哭，其他的幼儿也会莫名其妙地跟着哭。瞬间，班上哭声一片。这让新来的小王老师大为困惑，同时又不知所措。

　　小班幼儿入园时为何会表现出哭闹或不情愿的情绪？作为幼儿老师如何让新入园的幼儿尽快适应幼儿园生活，克服不良情绪？

第一节　情绪和情感概述

一、情绪和情感的定义

情绪是指伴随着认知和意识过程产生的对外界事物的态度，是对客观事物和主体需求之间关系的反应，是以个体的愿望和需要为中介的一种心理活动。情绪包含情绪体验、情绪行为、情绪唤醒和对刺激物的认知等复杂成分。

情感是人对客观事物是否满足自己的需要而产生的态度体验，是一种主观体验、主观态度和主观反映，属于主观意识范畴，而不属于客观存在范畴。情感作为一种主观体验，也是对现实的反映，它所反映的不是客观事物本身，而是具有一定需要的主体的人和客体之间的关系。

情绪和情感都是客观事物是否符合人的需要而产生的态度体验。

二、情绪和情感的区别与联系

（一）情绪和情感的区别

在当代心理学中，人们分别采用个体情绪和情感来更确切地表达感情的不同方面。情绪主要是指感情过程，即个体需要与情境相互作用的过程，也就是脑的神经机制活动的过程，如高兴时手舞足蹈、愤怒时暴跳如雷等。情绪具有较大的情境性、激动性和暂时性，往往随着情境的改变和需要的满足而减弱或消失。情绪代表了感情的种系发展的原始方面。从这个意义上讲，情绪概念既可以用于人类，也可以用于动物。情感则常用来描述那些具有稳定的、深刻的社会意义的感情，如对祖国的热爱、对美的欣赏等。作为一种体验和感受，情感具有较大的稳定性、深刻性和持久性，是人类所特有的。

（二）情绪和情感的联系

情绪和情感虽然有各自的特点，但又是相互依存、不可分离的。一方面，情绪是情感的基础，情感离不开情绪，稳定的情感是在情绪的基础上形成的，而且它又通过情绪的形式表达出来。另一方面，情绪也离不开情感，情绪是情感的具体表现，情感的深度决定情绪表现的强度，情感的性质决定了在一定情境下情绪表现的形式，在情绪发生的过程中，往往蕴含着情感因素。

三、情绪和情感的功能

（一）适应功能

有机体在生存和发展的过程中，有多种适应方式，情绪是人类最早赖以生存的手段之一。人们正是通过各种情绪、情感来了解自身或他人的处境与状况，适应社会的需要，求得更好的生存和发展。

（二）动机功能

情绪和情感是动机的源泉，是动机系统的基本成分。适度的情绪兴奋，可以使人的身心处于活动的最佳状态，进而推动人们有效地完成工作任务。适度的紧张和焦虑能促使人积极地思考和解决问题。

（三）组织功能

情绪和情感对其心理活动具有组织作用。这种作用表现为积极情绪的协调作用和消极情绪的破坏、瓦解作用。中等强度的愉快情绪，有利于提高认知活动的效果。而消极的情绪如恐惧、痛苦等，会对操作效果产生负面影响。消极情绪的激活水平越高，操作效果越差。情绪的组织功能还表现在人的行为上，当人处在积极、乐观的情绪状态时，易注意事物美好的一方面，其行为也比较开放，愿意接纳外界的事物；而当人处在消极的情绪状态时，容易失望、悲观，放弃自己的愿望，有时甚至产生攻击性行为。

（四）信号功能

情绪和情感的信号作用是通过表情来表达的。人们在交往过程中，可以通过面部表情、体态表情和言语表情反映自己的意愿，通过表情表达自己的喜、怒、哀、乐；也可通过对他人表情的观察和体验来了解周围人的态度和意愿，进而进行有效的沟通。

四、情绪和情感的种类

（一）情绪的种类

一个人在特定的生活环境中，于一段时间内所产生的情绪和情感体验叫作情绪状态。根据情绪状态的强度和持续时间可以分为心境、激情和应激。

1. 心境

心境是一种微弱、持久、带有渲染性的情绪状态。心境具有弥散性，它不是关于某一特定事物的特定体验，而是以同样的态度体验对待一切事物。所谓情哀则景哀，情乐则景乐，说的就是心境。

其特点表现如下。

①持续时间有很大差别。短则几小时，长则可能几周或几个月，甚至更长的时间。

②人格特征、气质和性格会影响心境持续的时间。性格开朗的人往往容易释怀，而性格内向的人则容易耿耿于怀。

③心境产生的原因是多方面的。生活中的顺境和逆境、个人的健康情况等，都可能成为引起某种心境的原因。积极的心境可以提高人的活动效率，有益于健康；而消极悲观的心境，则会降低认知活动效率，使人丧失信心和希望，有损于健康。

2. 激情

激情是一种强烈的、迅猛爆发但却短暂的情绪状态。这种情绪状态通常是由对个人有重大意义的事件引起的。如重大成功之后的狂喜、亲人突然死亡引起的极度悲哀等，都是激情状态。

其特点表现如下。

①和心境相比，激情维持的时间一般较短暂。冲动一过，激情也就弱化或消失了。

②激情状态往往伴随着生理变化和明显的外部行为表现，如盛怒时的面红耳赤、狂喜时的手舞足蹈等都是激情的外部表现。

③过度的兴奋与悲痛都容易引起激情。激情状态下容易行为失控，做出鲁莽的举动。如范进中举时的意识混乱、手舞足蹈就是激情的表现。

3. 应激

应激是一种由出乎意料的紧急情况所引起的十分强烈的情绪状态。当人在紧张危险的情境下而又需要迅速采取重大决策时，就可能导致应激状态的产生。例如，正常行驶的汽车意外地遇到故障时，司机紧急刹车，就是一种应激的表现。

在应激状态下，人可能有两种表现：一是目瞪口呆，手足无措；二是急中生智，及时摆脱险境。应激有积极的作用，也有消极的作用。一般的应激状态能使有机体具有特殊防御排险能力，能使人及时摆脱困境。但是人如果长期处于应激状态，会有害身体健康，严重的还会危及生命。

知识拓展

情绪的基本形式

情绪主要有四种基本形式：快乐、愤怒、悲哀和恐惧。

快乐（喜）是指盼望的目标达成和需要得到满足之后，继之而来的紧张性被解除时的情绪体验。快乐可细分为：满意、愉快、欢乐、狂喜等。

愤怒（怒）是指由于事物或对象受到再三妨碍和干扰，个人的愿望不能达到或产生与愿望相违背的情景时，逐渐积累紧张性而发生的情绪体验。愤怒可细分为：不满意、生气、怒、愤、激愤、狂怒等。

悲哀（哀）是指热爱对象的遗失、破裂，以及与所盼望东西的幻灭相联系的情绪体验。悲哀可细分为：遗憾、失望、难过、悲伤、极度悲痛等。

恐惧（惧）往往是由于缺乏准备，不能处理、驾驭或不能摆脱某种可怕或危险情景时所表现的情绪体验。恐惧可细分为：害怕、惊慌、惊恐万状等。

在这四种最基本的情绪之上，还能组成复合的形式，派生出许多种类，形成高级的情感。如与感知觉有关的厌恶与愉快，与自我评价有关的骄傲、自卑、自信、羞耻、罪过和悔恨等，与评估他人有关的热爱、羡慕、嫉妒和怨恨等体验。

（二）情感的种类

1. 道德感

道德感是人类特有的一种高级社会性情感，是人们根据一定的社会道德规范评价自己和他人的行为时，所产生的一种内心体验。道德属于社会历史范畴，不同时代、不同民族、不同阶级有着不同的道德评价标准。当人们的行为符合社会道德规范时，就产生肯定性的情感体验，如爱慕、敬佩、赞赏等；否则便产生否定性的情感体验，如羞愧、憎恨、厌恶等。

2. 理智感

理智感是在智力活动过程中，认识和评价事物时所产生的情绪体验。如对事物的好奇心和新奇感，对真理的追求和对谬误的憎恨等都属于理智感。

理智感与人的认识活动中成就的获得和需要的满足，对真理的追求及思维任务的解决相联系。人的认识活动越深刻，求知欲望越强烈，追求真理的情趣越浓厚，人的理智感就越深厚。理智感受社会道德观念和人的世界观的影响，它反映了每个人鲜明的观点和立场。

3. 美感

美感是根据一定的审美标准评价事物时所产生的情感体验。它是由具有一定审美观点的人对外界事物的美进行评价时所产生的一种肯定、满意、愉悦、爱慕的情感。人的审美标准既反映事物的客观属性，又受个人的思想观点和价值观念的影响。优美的自然风光、高尚的道德行为会给人带来美感；而不同文化背景下，不同民族、不同阶级的人对事物美的评价也各不相同。

五、情绪和情感的作用

（一）情绪的动机作用

情绪和动机的关系十分密切，主要体现在以下两个方面。

1. 情绪具有激励作用

情绪能够以一种与生理性动机或社会性动机相同的方式激发和引导行为。有时我们会努力去做某件事，只因为这件事能够给我们带来喜悦。从喜悦的动力性特征看，分为积极增力的情绪和消极减力的情绪。快乐、热爱、自信等积极增力的情绪会提高人们的活动能力，而恐惧、痛苦、自卑等消极减力的情绪则会降低人们活动的积极性。有些情绪同时兼具增力与减力两种动力性质，如悲痛可以使人消沉，也可以使人化悲痛为力量。

2. 情绪被视为动机的指标

情绪也可能与动机引发的行为同时出现，情绪的表达能够直接反映个体内在动机的强度与方向。所以，情绪也被视为动机潜力分析的指标，即对动机的认识可以通过对情绪的辨别和分析来实现。动机潜力是指在具有挑战性环境下所表现出的行为应变能力。例如，当个体面对一个危险的情境时，动机潜力就会发生作用，促使个体做出应激的行为。对这个动机潜力的分析可以由对情绪的分析获得。

（二）情绪和情感的调控功能

1. 促进功能

耶尔克斯—道森定律说明了情绪与认知操作效率的关系，不同情绪水平与不同难度的操作任务有相关关系。不同难度的任务，需要不同的情绪来唤醒最佳水平。在困难复杂的工作中，低水平的情绪有助于保持最佳的操作效果；在中等难度的任务中，中等情绪水平是最佳操作效果的条件；在简单的工作中，高情绪水平是保证工作效率的条件。总之，活动任务越复杂，最佳唤醒水平的情绪也越低。人们了解了情绪与操作效率之间的关系，就能更好地把握情绪状态，使情绪成为人们认知操作活动的促进力量。

2. 瓦解功能

一些消极情绪，如恐惧、悲哀、愤怒等，会干扰或抑制认知功能。消极情绪越强，对认知操作的破坏就越大。考试焦虑就是一个典型的例子，考生考试时压力越大，考生没考好的可能性就越大。一般来说，中等程度的紧张是考试的最佳情绪状态，过于松弛或极度紧张都会瓦解考生的认知功能，不利于考生正常水平的发挥。当一个人悲哀时，会影响到他的工作或学习状态，导致注意力不集中、易分神、思维流畅性降低等。

由此可见，情绪和情感的调控功能是非常重要的。情绪的好坏与唤醒水平会影响到人们的认知操作效能。

📑 案例展示

媛媛的不同面

媛媛是一个 4 岁的女孩子，她在家里表现得非常好。她会经常对爸爸说："爸爸，我很想念你，你能不能陪我玩儿啊？"她会把在幼儿园里发生的事情对妈妈说，哪怕是微不足道的事。她会为下班回来的爸爸拿鞋子，会帮着妈妈做家务，会和爸爸、妈妈玩在幼儿园里玩过的游戏，会表演节目给爸爸、妈妈看。但是，当爸爸、妈妈带她出去玩儿时，媛媛的表现和在家里截然不同，任凭爸爸、妈妈怎样哄她，她都不爱说话，也不愿意向叔叔、阿姨问好。妈妈向老师打听媛媛在幼儿园的情况，老师说她每天到幼儿园后很乐意当老师的小助手，为小朋友服务，喜欢画画、弹钢琴、跳舞，是班里很受欢迎的孩子。老师经常给她表现自己的机会，让她锻炼胆量。然而，她见了叔叔、阿姨不主动打招呼，在外面进餐时总是表现不好的情况却一直没有大的好转。

从幼儿情绪发展的角度分析，媛媛到底是怎么了？

（三）情绪和情感的健康功能

人对社会的适应是通过调节情绪来进行的，情绪调控的好坏会直接影响到身心健康。在一般人的情绪中，常是苦多于乐。在喜、怒、哀、乐、爱、惧、恨中，正面情绪占 3/7，反面情绪占 4/7。情绪对健康的影响作用是众所周知的。我国古代医书《内经》中就有"怒伤肝，喜伤心，思伤脾，忧伤肺，恐伤肾"的记载。一项长达 30 年的关于情绪与健康关系的追踪研究发现，年轻时性情压抑、焦虑和愤怒的人患结核病、心脏病和癌症的比例是性情沉稳的人的 4 倍。所以，积极而正常的情绪体验是保持心理平衡与身体健康的条件。

（四）情绪和情感的信号功能

情绪是人们社会交往中的一种心理表现形式。情绪的外部表现是表情，表情具有信号传递的作用，属于一种非言语性交际。人们可以凭借一定的表情来传递情感信息和思想愿望。心理学家研究了英语使用者的交往现象后发现，在日常生活中，55% 的信息是靠非言语表情传递的，38% 的信息是靠言语表情传递的，只有 7% 的信息才是靠言语传递的。表情是比言语产生更早的心理现象，在婴儿不会说话之前，主要是靠表情来与他人交流的。表情比语言更具生动性、表现力、神秘性和敏感性。特别是在言语信息不清时，表情往往具有补充作用，人们可以通过表情准确而微妙地表达自己的思想感情，也可以通过表情去辨认对方的态度和内心世界。所以，表情作为情感交流的一种方式，它被视为人际关系的纽带。

第二节　幼儿情绪和情感的发展情况

一、幼儿情绪的发展特点

（一）情绪的社会化

幼儿最初的情绪是与生理需要相联系的。随着幼儿年龄的增长，情绪逐渐与社会性需要相联系，这个联系的过程就是情绪的社会化过程，也就是情感的发展过程。幼儿情绪社会化表现在以下几个方面。

情绪的发生

1. 情绪中社会性交往的成分不断增加

幼儿的情绪活动中，涉及社会性交往的内容，随着年龄的增长而增加。有研究发现，学前儿童交往中的微笑可以分为三类：第一类，幼儿自己玩得高兴时的微笑；第二类，幼儿对教师的微笑；第三类，幼儿对小朋友的微笑。这三类中，第一类不是社会性情感的表现，后两类则是社会性的。

2. 引起情绪反应的社会性动因不断增加

所谓情绪动因是指引起幼儿情绪反应的原因。婴儿的情绪反应，主要是和他的基本生活需要是否得到满足相联系的。在 3 岁前幼儿情绪反应动因中，生理需要是否满足是其主要动因，如温暖的环境、吃饱、睡足、身体舒适等，这些都是引起幼儿愉快情绪的动因。

1 ～ 3 岁的幼儿，除了与满足生理需要有关的情绪反应外，还出现了与社会性需要有关的情绪反应。例如，这个年龄段的幼儿有独立行走的需要，如果父母让其在一定范围内自由行走，儿童会感到愉快；但如果父母硬要抱着走，不能满足幼儿的愿望，幼儿则会哭闹。

3 ～ 4 岁幼儿仍然喜欢身体接触，如刚入园的幼儿很愿意老师牵他的手，甚至喜欢搂抱老师，让老师抱一抱、摸一摸。3 ～ 4 岁幼儿的情绪动因处于从主要满足生理需要向主要满足社会性需要转化的过渡阶段。5 ～ 6 岁幼儿情绪反应的社会性动因更加明显。例如，小朋友不和他玩，成人对他不理睬、不注意等都会让他觉得伤心，感到不愉快，表现出不良的情绪状态。

儿童产生愤怒的原因主要有：生理习惯问题，如不愿吃东西、睡觉、洗脸和上厕所等；与权威矛盾的问题，如被惩罚，受到不公正待遇，不许参加某种活动等；与人的关系问题，如不被注意，不被认可，不愿和人分享等。有研究发现，2 岁以下儿童生理习惯问题最多，3 ～ 4 岁幼儿与权威矛盾的问题占 45%，4 岁以上幼儿则与人的关系问题最多。

由此可见，幼儿的情绪情感与社会性交往、社会性需要的满足有密切联系，幼儿的情绪和情感正日益摆脱同生理需要的联系而逐渐社会化，其社会性交往、人际关系对幼儿情绪影响很大，是左右其情绪感产生的最主要动因。

3. 情绪表达的社会化

表情是情绪的外部表现。表情的表达方式包括面部表情、肢体语言和言语表情。幼儿在成长过程中，逐渐掌握了周围人们的表情手段，表情日益社会化。

幼儿表情社会化的发展主要包括两个方面：一是理解（辨别）面部表情的能力；二是运用社会化表情手段的能力。1 岁的婴儿已经能够笼统地辨别成人的表情。比如，先对他做笑脸，他就会笑；如果立即对他拉长脸，做出严厉的表情，他就会哭起来。幼儿从 2 岁开始，已经能够运用表情去影响别人，并学会在不同场合用不同方式表达同一种表情。

（二）情绪的丰富化和深刻化

情绪的丰富化包括两层含义：一是情绪过程越来越分化。随着幼儿年龄的增长，活动范围不断扩大，幼儿有了许多新的需要，继而也就出现了多种新的情绪体验。如幼儿中期逐渐出现的友谊感，幼儿晚期进一步表现出的集体荣誉感等。二是情绪指向事物不断增加。原来并不能引起幼儿情绪体验的事物，随着年龄增长，能不断引起幼儿的各种情绪体验。如周围成人对幼儿的态度，周围的动物、植物等的自然现象，都可以引起幼儿自豪、同情、惊奇等情绪体验。

所谓情绪的深刻化，是指它所指向的事物性质的变化，从指向事物的表面到指向事物更内在的特点。如年龄较小的幼儿对父母产生依恋，主要是基于父母满足他的基本生理需要，而年龄较大的幼儿对父母的依恋，则已包含有对父母劳动的尊重和爱戴等内容。又如，幼儿对行动有不同的体验，对自己的行动成就可能表现出骄傲，而对别人行动的成就可能表现出羡慕。

（三）情绪的自我调节化

1. 情绪的冲动性逐渐减少

幼儿常常处于激动的情绪状态。在日常生活中，幼儿往往由于某种刺激的出现而非常兴奋，情绪冲动强烈。当幼儿处于高度激动的情绪状态时，他们完全不能控制自己，大哭大闹或大喊大叫，短时间内不能平静下来。在这种情况下，成人要求他们"不要哭""不要闹"也无济于事。

幼儿的情绪冲动性还常常表现在他们用过激的行动表现自己的情绪。随着幼儿大脑的发育及言语的发展，幼儿情绪的冲动性逐渐减少。幼儿对自己情绪的控制起初是被动的，即在成人的要求下，因服从成人的指示而控制自己的情绪。

到了幼儿晚期，幼儿对情绪的自我调节能力才逐渐发展。例如，打针时感到痛，但是认识到要勇敢，就能够忍住不哭。又如，认识到母亲因为工作需要外出，能够控制自己不愿与母亲分离的情绪。这个年龄的孩子能够调节自己的情绪表现，做到不愉快时不哭，或者在伤心时不哭出声音来。

2. 情绪的稳定性逐渐提高

幼儿的情绪不稳定、易变化。情绪是有两极对立性的，如喜与怒、哀与乐等。幼儿的两种对立情绪，常常在很短时间内互相转换。比如，当孩子由于得不到心爱的玩具而哭泣时，如果成人给他一块糖，他就立刻会笑起来。这种破涕为笑的情况，在幼儿身上是常见的。幼儿的情绪不稳定与以下两个因素有关。

（1）情境性

幼儿的情绪常常被外界情境所支配，某种情绪往往因为某种情境的出现而产生，又随着情境的变化而消失。例如，新入园的幼儿，看见妈妈离去时会伤心地哭，但妈妈的身影消失后，经老师引导，很快就愉快地玩起来。

（2）易感性

所谓易感性是指幼儿情绪非常容易受周围人的情绪影响。新入园的一个孩子哭着要找妈妈，往往会引得班里其他孩子们都哭起来。听老师讲故事时，一个孩子笑，其他孩子也会跟着哈哈大笑。

随着年龄的增长，情绪的稳定性逐渐提高。到幼儿晚期，幼儿的情绪比较稳定，情境性和易感性逐渐减少，这个时期幼儿的情绪较少受一般人感染，但仍然容易受亲近的人，如家长和教师的感染。因此，父母和教师在幼儿面前需要注意控制自己的不良情绪。

3. 情绪控制与掩饰的成分增加

婴儿期和幼儿初期的儿童，不能意识到自己情绪的外部表现。他们的情绪完全表露于外，丝毫不加以控制和掩饰。随着幼儿言语和心理活动有意性的发展，幼儿逐渐能够调节自己的情绪及其外部表现。

幼儿情绪外显的特点有利于成人及时了解孩子的情绪，给予正确的引导和帮助。但是，控制和调节自己的情绪表现以至情绪本身，是社会交往的需要，主要依赖于正确的培养方式。同时，由于幼儿晚期情绪已经开始出现内隐性，这就要求成人细心观察和了解幼儿内心的情绪体验。

4. 情绪的冲动性、易变性降低

幼儿早期由于大脑皮层对皮层下中枢的控制能力发展不足，因此情绪冲动易变。到了幼儿晚期，幼儿对情绪的控制能力得到发展。起初这种情绪仍需在成人的要求和语言指示下才能得到控制。后经教育和要求，幼儿逐步具有了对情绪的自控能力，其冲动性、易变性降低。

二、幼儿情感的发展特点

（一）幼儿道德感的发展

1岁时，婴儿就表现出一种对人简单的同情感。看到别的孩子哭或笑，也会跟着哭或笑，这就是所谓的"情感共鸣"，它是高级情感活动产生和发展的基础。

2～3岁的幼儿已产生了简单的道德感。此时幼儿的道德感主要指向个别行为，往往是由成人的评价引起的。成人表扬他就高兴，批评他则不高兴。

3～4岁幼儿的道德感体验不深，往往容易随着成人的判断而改变。他们的道德判断容易受到成人的暗示，只要成人说是好的，或他自己觉得感兴趣的，就认为是好的；反之，则是坏的。同时，他们判断某件事情，只凭结果，而不注意行为的动机。

4～5岁的幼儿已经掌握了生活中的一些道德标准，他们不但关心自己的行为是否符合道德标准，而且开始关心别人的行为是否符合道德标准，由此产生相应的情感。如中班幼儿常常"告状"，这就是由道德感激发起来的一种行为。

5～6岁幼儿道德感的发展开始趋向复杂和稳定。他们对好与坏、好人与坏人有着截然不同的情绪反应。同时，他们开始注重某个行为的动机、意图，而不单从结果来进行判断。

案例展示

幼儿需要正确的道德指引

小新和小梅都是中班的孩子。小新平时喜欢看《铠甲勇士》这样充斥着打斗场景的特摄剧，其中一些暴力形象成为小新的不良模仿源，平时玩游戏、做活动时，只要有小朋友"得罪"了小新，他就会给这些小朋友一点"颜色"看看，要么是抢上几拳，要么是踢上几脚，大家都不敢跟小新玩。小梅平时喜欢看《喜羊羊与灰太狼》这样的动画片，认为像喜羊羊这样的就是好人，像灰太狼这样的就是坏人，所以小梅不仅不会欺负别的小朋友，要是班上有人欺负别的小朋友，小梅还会向老师告状。

分析：幼儿容易模仿动画片中反面人物的行为，结果导致品德不良。为了避免给儿童带来的消极影响，动画片应使幼儿体验到"恶有恶报，善有善报"，当幼儿发觉"坏人"不能得到好的下场时，为了避免这种不良后果，自己也会纠正自己的行为。

（二）幼儿理智感的发展

幼儿理智感的发展，在很大程度上取决于环境的影响和成人的培养。一般来说，5 岁左右幼儿的理智感已明显地发展起来，突出表现在幼儿很喜欢提问题，并由于提问和得到满意的回答而感到愉快；6 岁左右的幼儿喜爱参与各种智力游戏，或者动脑筋、解决问题的活动，如下棋、猜谜语、拼搭大型建筑物等，这些活动既能满足他们的求知欲和好奇心，又有助于促进理智感的发展。

幼儿的理智感有一种特殊的表现形式，即好奇好问。幼儿特别喜欢问成人："这是什么？"有的心理学家把幼儿期称作疑问期。幼儿认识事物的强烈兴趣，不仅使他们获得更多的知识，也进一步推动了理智感的发展。

幼儿理智感的另一种表现形式是与动作相联系的"破坏"行为。新买的玩具，可能一眨眼工夫，就被幼儿拆得七零八落了。作为家长和教师，要珍惜幼儿的探究热情，并创造机会解放幼儿的双手。

培养幼儿理智感应注意：鼓励幼儿多提问、多思考、多探究，并创造机会让幼儿探索和创造；幼儿在游戏和学业上取得成功后要及时给予表扬，尽量避免让幼儿体验过多和过强的失败情绪；任务与要求要切合幼儿的实际；善于发现幼儿认识活动中的优势领域和兴趣。成功和兴趣是推动幼儿理智感发展的重要保证。

（三）幼儿美感的发展

幼儿对美的体验有一个社会化的过程。新生儿已经倾向于注视端正的人脸，而不喜欢五官凌乱颠倒的人脸。婴儿喜欢有图案的纸板多于纯灰色的纸板，婴儿还喜欢鲜艳悦目的物品及整齐清洁的环境。幼儿初期的个体主要是对颜色鲜明的东西、新的衣服鞋袜等产生美感。他们自发地喜欢相貌漂亮的小朋友，而不喜欢形状丑恶的事物。在环境和教育的影响下，幼儿逐渐形成审美的标准。比如，幼儿对衣服邋遢的样子感到厌恶，而对衣物、玩具摆放整齐的样子产生快感。同时，他们也能够从音乐、舞蹈等艺术活动和美术作品、活动中体验到美，而且对美的评价标准也日渐提高。

三、幼儿健康情绪和情感的培养

（一）提供良好的物质环境和精神环境

1. 创设温馨、舒适的生活环境

宽敞的活动空间、优美的环境布置、整洁的活动场地和充满生机的自然环境，对幼儿情绪和情感的发展是非常重要的。幼儿如果长期生活在狭小

的环境中，就会经常出现情绪暴躁不安的现象，可见生活的整体环境对幼儿情绪和情感的影响是不容忽视的。良好的生活环境，无压抑感、充满激励的氛围，可以使幼儿感到安全和愉快。为此，成人应尽可能地为幼儿创造良好的生活环境，合理安排好幼儿的一日生活，使幼儿在生活中处处感受到轻松和愉快，以促进其情绪和情感的健康发展。

2. 营造宽松、和谐的交往氛围

物质环境对幼儿情绪的影响固然很大，但精神环境更不容忽视。幼儿与周围人的关系是影响幼儿情绪和情感的重要因素。良好的师幼关系和同伴关系有助于幼儿形成积极的情绪和情感体验，使幼儿喜欢上幼儿园；反之，幼儿则会反感上幼儿园，在幼儿园里也会感到孤独、寂寞，心情抑郁。因此，教师要为幼儿创设一种欢乐、融洽、友爱、互助的氛围。例如，教师要经常有目的地组织幼儿自由交谈、玩"过家家"等交往游戏活动，使幼儿感到在幼儿园生活的愉快；对于那些胆小懦弱的幼儿，要鼓励他们敢于表现自我，主动与人交往。教师尤其要注意那些受排斥和被忽视的幼儿，使他们能够和小伙伴友好相处，从与同伴的交往中得到快乐。对那些缺乏温暖的离异家庭的孩子，教师要给予更多的爱，使他们在幼儿园里获得更多的快乐，健康地成长。在幼儿园的某个角落布置一个温馨、舒适的"心情角"或"悄悄话小屋"，让孩子有一个和同伴单独相处的小空间，在这里他们可以发泄自己的不良情绪，也可以和好朋友说说心里话。此外，教师还要注意教育幼儿在交往中互相关心、互相爱护、互相帮助，要学会与人分享快乐和同情别人的不幸，体验集体的温暖和真挚的友情；培养幼儿积极健康的情绪和情感。

3. 创造良好的学习环境

幼儿良好情绪的建立也依赖于幼儿园中丰富多样的学习环境。因为单调的刺激容易使幼儿产生厌烦等消极情绪，而丰富多样的环境变化则能激发幼儿的探索兴趣。丰富的生活内容会让幼儿产生兴趣，激发探索欲望，收获快乐和满足。因此，教师和家长要尽量为孩子创设丰富多彩的活动内容，如创设手工操作区、娃娃乐园、科学实验室等，也要多带孩子进行各种户外活动，让孩子有更多亲近自然、感知世界的机会。教师和家长还可以选择适合幼儿年龄特点的幼儿文学作品，让孩子在欣赏这些文学作品的同时，培养其高级的社会情感。如在阅读《萝卜回来了》时，教师和家长可以通过讲述小动物们在困境中关爱自己的伙伴的故事，培养和提高幼儿的道德感。教师和家长要努力为幼儿创造良好的学习环境，组织开展丰富多彩的有利于幼儿健康情绪和情感养成的活动。

（二）树立科学的教育理念

幼儿的情绪易受感染、模仿性强，因此成人的情绪和情感示范非常重要。家长和教师在日常生活中所显现出的积极热情、乐于助人、关爱幼儿等良好的情绪和情感，对幼儿良好情绪和情感的发展会起到潜移默化的作用。反之，则会造成不良的后果。教师和家长要以身作则为幼儿树立良好的情绪和情感榜样。同时成人对幼儿的教育、管理应有科学的教育态度。例如，教师、家长要以亲切的微笑、和蔼的面孔出现在孩子的面前，跟他们亲切地交谈，给他们以适度的抚摸、搂抱等，让他们获得愉快、积极的情绪和情感体验；公平合理地对待幼儿，满足其提出的合理要求，坚持正面教育，不恐吓、不威胁幼儿，也不能溺爱或过分严厉地对待幼儿；关注幼儿的爱心教育，培养孩子的爱心和同情心等。

（三）开展游戏或主题活动

游戏是幼儿最喜爱的活动。在游戏中幼儿可以自由地宣泄自己的情绪，不受现实条件的限制，充分地展开想象的翅膀，从事自己向往的各种活动，从而获得心理的满足，产生积极愉快的情绪。如绘画、玩泥、玩水、玩沙、唱歌、跳舞等都可以使幼儿充分表达自己不同的情绪，使幼儿感到轻松愉快。幼儿由于年龄小，还不能完全理解自己内心发生的事情，不可避免地会产生某种程度的焦虑或不满，而游戏正好可以使幼儿从这些不愉快的情绪中得以释放和解脱，有利于积极情绪的发展。如游戏中，中班的一个女孩自己想当"理发师"，而别人不愿意带她一起玩，她就一个人偷偷地哭泣。教师发现后，先是稳定她的情绪，让她说出哭泣的原因，然后帮她分析自己的情绪，让她知道遇到事情生气或哭是没有用的，并引导她想出克服不良情绪、解决问题的方法。最后，她与其他小朋友商量自己先当"顾客"，然后再轮流当"理发师"，这使得她顺利地参与到同伴的游戏中，情绪也逐渐变得愉快积极起来。

此外，开展有关情绪的主题活动也有助于促进幼儿健康情绪、情感的发展。教师可以通过开展如"我们都是好朋友""会变的情绪""赶走小烦恼"

等主题活动，来增强幼儿的自信心和独立性，培养幼儿积极健康的情感。

🔗 知识拓展

"延迟满足"实验

20世纪60年代，美国斯坦福大学心理学教授沃尔特·米歇尔（Walter Mischel）设计了一个著名的关于"延迟满足"的实验。这个实验是在斯坦福大学校园里的一所幼儿园开始的。研究人员找来数十名儿童，让他们每个人单独待在一个只有一张桌子和一把椅子的小房间里，桌子上的托盘里有一些儿童爱吃的东西——棉花糖。研究人员告诉他们可以马上吃掉棉花糖，或者等研究人员回来时再吃。愿意等待的孩子还可以再得到一颗棉花糖作为奖励。如果不想等了，他们还可以按响桌子上的铃，研究人员听到铃声会马上返回，这时孩子就可以吃棉花糖了。但按铃的孩子只能得到一颗棉花糖，只有等到研究人员回来吃的孩子才可以得到两颗。对这些孩子来说，实验的过程颇为难熬。有的孩子为了不去看那诱惑人的棉花糖而捂住眼睛或是背转身体，还有一些孩子开始做一些小动作如踢桌子、拉自己的辫子，有的甚至用手去打棉花糖。结果，大多数的孩子坚持不到3分钟就放弃了。一些孩子甚至没有按铃就直接把棉花糖吃掉了；另一些则盯着桌上的棉花糖，半分钟后按了铃。大约1/3的孩子成功延迟了自己对棉花糖的欲望，大约过了15分钟，他们等到研究人员回来兑现了奖励。

（四）教给幼儿恰当的情绪表达方法

幼儿在生活中有可能因为受到挫折而表现出不良的情绪反应。作为家长和教师一定要充分理解和正确对待幼儿的发泄行为，为幼儿创设发泄情绪的环境和情境，培养幼儿多样化的发泄方法并学会自我疏导，不要让幼小的心灵长期处于压抑状态。

正确处理幼儿
不良情绪

📋 案例展示

正视幼儿的情绪

小美今年刚刚上幼儿园，每天到幼儿园与妈妈分别时总是哭，有时候怎么劝都不行，妈妈为此大伤脑筋。有一次，小美又因此在哭个不停，带班老师走过去轻轻地擦掉她脸上的泪水，边抱起她边微笑着对她说："哭多难看呀，你看你不哭多漂亮。老师很喜欢你，因为你是一个乖孩子。"小美听完老师的话，睁大眼睛望着老师，老师顺势将她的头靠在自己的肩上，就像妈妈搂着自己的孩子，接着又抚摸着她的脸说："小美最乖了，以后上学的时候可不要哭了，要跟妈妈高兴地说再见。"只见小美眨着大眼睛，对妈妈挥挥手，说："妈妈，再见。"事后，小美的妈妈说孩子上学的时候很少哭了，而且回到家后跟奶奶说她爱去幼儿园，因为老师喜欢她。

分析：这就是教师对于幼儿情绪和情感的影响。教师表现出赞赏的态度时，幼儿往往会受到鼓励，表现出轻松愉快的情绪，在行动上也愿意配合老师。

1. 合理宣泄法

每个孩子在生活中都会有消极情绪，作为家长和教师，我们的任务不是要求幼儿一味压抑，而是要帮他们学习选择用对自己和他人没有伤害的方式去疏导和宣泄这种情绪。成人可以通过多种方式为幼儿提供机会诉说自己心中的感受，引导幼儿表达自己的情绪和情感。例如，在幼儿因争执产生愤怒、悲伤等情绪反应时，教师支持鼓励他们充分表达各自的感受，耐心倾听他们对于冲突的解释，将有利于幼儿及时疏泄消极情绪，以平和的心态面对矛盾，积极寻求解决问题的办法。

2. 自我控制法

自我控制能培养幼儿的忍耐力，缓解不良情绪带来的过度行为。教师可教会幼儿在发怒时默数"1、2、3、4……"或默念"我不发火，我能管住自己"等，这样可以帮助幼儿暂时缓解紧张情绪，避免做冲动的事情。

3. 学会哭诉

哭是幼儿表达和发泄情绪的最好方式。当幼儿开始哭或发脾气时，很重要的一点是教师要留在他的身边，倾听孩子的诉求，温和地抚摸或搂住他，讲几句关心的话，如"再告诉我一些""老师爱你""发生这样的事真令人难过"，但不要多。假如在此时说得太多，可能会在这种交流中凌驾于幼儿之上。要耐心倾听孩子的声音，听听孩子的想法，而不是"企图"纠正他，这样，孩子会深深地感受到老师的关心。

4. 注意力转移法

幼儿的注意力相对较弱，注意某一事物的时间相对较短。因此，当幼儿对某一事件具有不良情绪反应的时候，教师可以将幼儿的注意力转移到高兴的事情上，如看电视、做游戏、玩玩具等，也可以讲一些笑话或回想以前发生过的快乐的事，使幼儿的情绪重新变得愉快。

5. 负强化法

当孩子情绪失控时，成人的训斥打骂，不仅无益于问题的解决，还有可能造成幼儿的逆反心理。成人可以用"负强化"的方法，即以不予理睬的方法来对待孩子的情绪失控。例如，孩子吵着要买玩具，甚至在地上打滚，家长可采取不劝说、不解释、不争吵的方法，让幼儿感到父母并不在意他的这些行为。当孩子闹够了，从地上爬起来时，父母要表现出高兴和关心，可以对孩子说："我们知道你不开心，但你现在不闹了，真是一个好孩子。"然后父母可以跟他讲道理，分析他刚才行为的不对之处。

（五）引导家长缓解幼儿的过度焦虑情绪

针对幼儿的过度焦虑，教师和家长要引起注意。要分清幼儿焦虑的种类，从而对症下药。

1. 缓解入园焦虑

对于与父母或抚养者分离引起的分离焦虑，以入园焦虑居多。家长要在幼儿入园前为孩子做好一定的交往准备。如在入园前要有计划地扩大幼儿的交往范围和活动空间，帮幼儿找玩伴，多和其他孩子接触，引导幼儿主动和他人交往。家长之间也要多接触，以帮助幼儿建立良好的人际关系和社会关系，初步建立交往的信任感和安全感。

2. 采用不同方式缓解幼儿的焦虑情绪

有些幼儿由于自身的气质，会对外界的细微变化较敏感，容易产生焦虑情绪。这些幼儿的父母，常常也有不同程度的焦虑现象。因此家长要注意言传身教，不要当着幼儿的面焦虑不安，以免让孩子染上焦虑情绪。同时，应对不同气质类型的幼儿要区别对待。①哭闹不稳定型：这类幼儿焦虑情绪尤为严重，简单的亲近方式和玩具都无法消除他们的不安全感。家长应给予他们更多的关心和亲近，多顺应多满足，让他们感受到父母的关爱。②安静内敛型：这类幼儿性格多内向、害羞，表现出一种极不安全感，往往借助玩具来安慰自己，难以亲近陌生人。家长可运用循序渐进的方法让幼儿逐步摆脱焦虑感。

3. 缓解幼儿的期待性焦虑

期待性焦虑多见于家长对孩子的期望过高，超过了孩子的实际能力，使孩子无法达到家长的期望和要求，担心受到父母的责备，而产生焦虑不安的情绪。很多家长会横向比较，总是夸奖别人的孩子，对自己的孩子赋予更多的任务和期望，如让孩子学琴考级等。在这种情况下，家长要实事求是，从孩子的兴趣出发，多给孩子鼓励而不是过高的期待和要求。

此外，还可以运用音乐法和游戏法来缓解幼儿的焦虑情绪。另外，对于焦虑的孩子，不适合做安静的活动，因为在安静的环境中，他们很容易勾起伤心的情绪。因此教师需要多组织一些令他们开心愉快、情绪兴奋的活动，从而转移他们的注意力。"玩"是幼儿的特性。为吸引幼儿的注意力，教师可增加户外活动，让孩子在大自然中尽情嬉戏，以环境的自然情趣和魅力缓解自身的焦虑情绪。

📝 真题练习

单选题

1. 新入园时，当有一个幼儿哭，其他幼儿也会跟着哭，这是因为(   )。（2021年下半年幼儿园教师资格证考试《保教知识与能力》真题）

　　A. 情绪的动机作用　　　　　　　　B. 情绪的信号作用

　　C. 情绪的组织作用　　　　　　　　D. 情绪的感染作用

2. 与婴儿最初的情绪反应相关联的是(   )。（2022年下半年幼儿园教师资格证考试《保教知识与能力》真题）

　　A. 生理的需要　　　　　　　　　　B. 归属和爱的需要

　　C. 尊重的需要　　　　　　　　　　D. 自我实现的需要

3. 幼儿对自己消极情绪的掩饰，说明其情绪的发展已经开始(   )。（2022年上半年幼儿园教师资格证考试《保教知识与能力》真题）

　　A. 深刻化　　　　　　　　　　　　B. 丰富化

　　C. 内隐化　　　　　　　　　　　　D. 精细化

4. 小军打针时对自己说："我不怕，我不怕，我是男子汉。"这表现出他初步具备(   )。（2023年上半年幼儿园教师资格证考试《保教知识与能力》真题）

　　A. 情绪理解能力　　　　　　　　　B. 情感表达能力

　　C. 情绪识别能力　　　　　　　　　D. 情绪自我调节能力

第八章真题练习
参考答案

第九章
幼儿个性的发展

◇ **本章导读**

在个体的心理发展中，不仅各种心理过程在分别发展着，整个心理面貌也在形成和发展着。个性是指一个人的整个心理面貌，即具有一定倾向性的各种心理特征的总和。个性是复杂、多侧面、多层次的统一体。个性的心理结构包括个体倾向性、个体心理特征及自我意识等，这三部分有机结合，使个性成为一个统一的整体结构。

幼儿期是个性形成的时期，个体的各种结构成分已经初步发展起来。幼儿的个性发展对幼儿的整体发展有重要的影响，应该引起重视。

◇ **学习目标**

素质目标

1. 树立正确的职业理念、科学的幼儿观。

2. 养成勤奋好学、积极乐观的人生态度。

3. 坚持社会主义核心价值观，树立正确的人生观、世界观。

知识目标

1. 理解个性的含义、结构和基本特征，明白个性是如何形成的。

2. 理解气质、性格和能力等个性心理特征的概述。

3. 掌握幼儿个性的年龄特征及其培养策略。

能力目标

1. 学会分析幼儿的个性特点。

2. 学会测评幼儿个性发展的状况。

3. 能初步设计促进幼儿个性发展的活动方案。

4. 能运用有效策略促进幼儿个性的发展。

✛ 思维导图

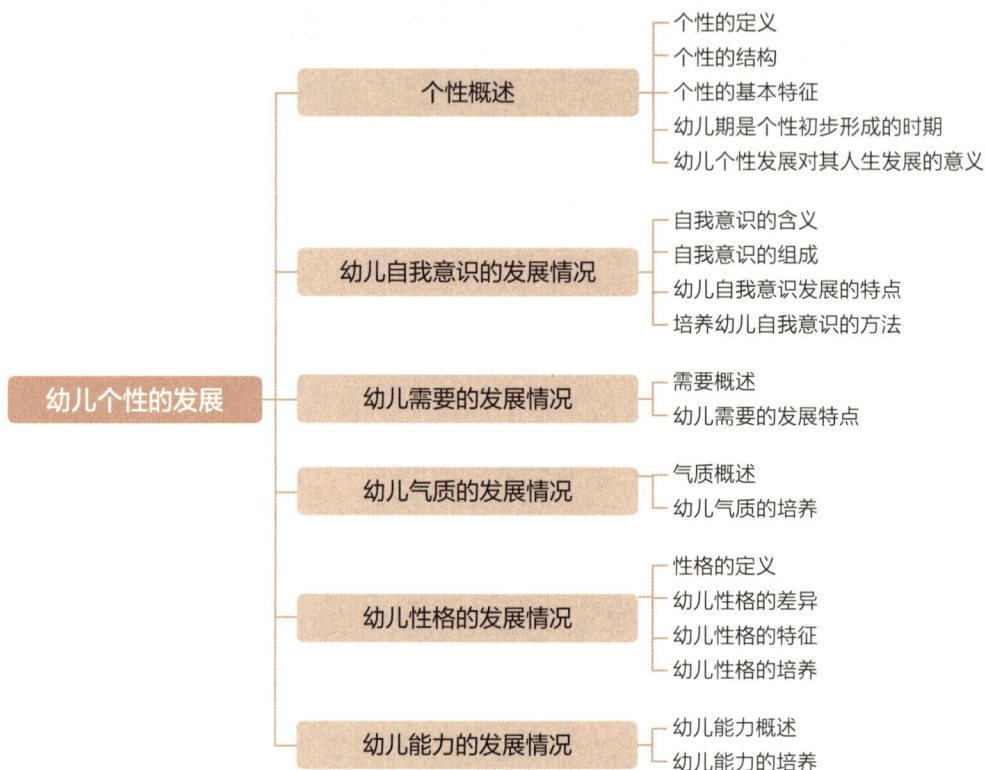

个性概述
- 个性的定义
- 个性的结构
- 个性的基本特征
- 幼儿期是个性初步形成的时期
- 幼儿个性发展对其人生发展的意义

幼儿自我意识的发展情况
- 自我意识的含义
- 自我意识的组成
- 幼儿自我意识发展的特点
- 培养幼儿自我意识的方法

幼儿个性的发展

幼儿需要的发展情况
- 需要概述
- 幼儿需要的发展特点

幼儿气质的发展情况
- 气质概述
- 幼儿气质的培养

幼儿性格的发展情况
- 性格的定义
- 幼儿性格的差异
- 幼儿性格的特征
- 幼儿性格的培养

幼儿能力的发展情况
- 幼儿能力概述
- 幼儿能力的培养

✛ 情境导入

　　一个小男孩在小的时候就习惯依赖别人，饭由大人喂，衣服由大人帮着穿，在家想要什么，奶奶、姥姥就给买什么，非常任性。到了小学四年级时，他发生过这些事情：书包丢了两个，红领巾买了20多条，铅笔、橡皮买了无数，写作业要大人看着，甚至有一次老师布置的手工作业让姥姥做；不明是非，拿班里同学文具盒里的钱买东西吃。由此可以看出：幼儿在幼儿期形成的个性对以后发展是有影响的。我们身上的许多特点，都可以在小的时候找到根源。幼儿期是良好个性的养成时期，对幼儿健康成长起着奠基作用。

第一节 个性概述

一、个性的定义

一般来说，个性就是个性心理的简称，在西方又称人格。个性的内涵非常广阔、丰富，是人们的心理倾向、心理过程、心理特征及心理状态等综合形成的系统心理结构。心理学中的个性概念与日常生活中所讲的个性是不同的。日常生活中的"个性"是指人的个别性、特殊性或个别差异。心理学中的个性是指一个人比较稳定的、具有一定倾向性的各种心理特点或品质的独特组合。人与人之间个性的差异主要体现在每个人待人接物的态度和言行举止中，行为表现能反映一个人真实的个性。

二、个性的结构

从构成方式上讲，个性其实是一个系统，由三个子系统组成：自我意识、个性心理特征和个性倾向性。

（一）自我意识

自我意识是指自己对所有属于自己的身心状况的意识，包括自我认识、自我体验和自我调控等方面，如自尊心、自信心等。自我意识是个性系统的自动调节结构。有的学者还把自我意识称为自我调控系统。

延伸阅读

镜像实验

路易斯·埃姆斯（Lewis Ames）与其同事通过镜子、照片和电视来测查婴幼儿再认自己能力的发展，以探讨儿童自我的发生过程。实验分为三个阶段。他们选取了9~24个月的婴幼儿作为实验对象，实验的第一阶段也就是我们比较熟悉的"点红实验"。研究者在婴幼儿未察觉的情况下给婴幼儿的鼻子涂上红点，观察婴幼儿在镜子前看到自己形象时的反应。实验结果是只有25%的儿童立即用手去摸或擦自己的鼻子。可是在24个月的幼儿中，有88%会立即用手去摸自己的鼻子。

第二阶段的实验是让婴幼儿观看特制的录像。在第一部录像里，被试婴幼儿就在当时所在的环境，这时一个人走进屋；第二部录像的内容是该儿童一星期前正在玩玩具，此时有一个人正走进屋的情景；第三部录像则是另外一个儿童在玩，有一个人正走进屋子。结果发现，9~15个月的婴幼儿都能够很快从第一种录像中认出自己，并转头向门口看，次数多于后面两种情景。在对第二种情景和第三种情景的婴幼儿反应的情况进行比较后，发现只有15个月以上的幼儿才能区分这两种情景，说明幼儿已经能够区别自我与他人的形象，对自我的认识逐渐清晰。

第三阶段是相片实验。研究者向被试婴幼儿提供了许多相片，包括婴幼儿自己的和其他婴幼儿的照片。15~18个月的幼儿，当听到叫自己的名字时，能够指出自己的照片，并对着照片微笑。

（二）个性心理特征

个性心理特征是指人的多种心理特点的一种独特结合。所谓个性心理特征，就是个体在其心理活动中经常地、稳定地表现出来的特征，主要是指人的能力、气质和性格。其中能力是指人顺利完成某种活动的一种心理特征。能力总是和人完成一定的活动相联系在一起的，离开了具体活动，既不能表现人的能力，也不能发展人的能力。气质，一部分取决于先天因素，大部分取决于一个人所处的环境及后天的教育，就像各种不同阶级有着不同气质的人一样。性格是指一个人对人、对己、对事物（客观现实）的基本态度，以及相适应的习惯化的行为方式中比较稳定的独特的心理特征的综合。气质无好坏、对错之分，而性格有好坏、对错之分。

（三）个性倾向性

个性倾向性是指人对社会环境的态度和行为的积极特征，它是推动人进行活动的动力系统，是个性结构中最活跃的因素。个性倾向性决定着人对周围世界认识和态度的选择和趋向，决定人追求什么，包括需要、动机、兴趣、理想、信念、世界观等。个性倾向性是人的个性结构中最活跃的因素，它是一个人进行活动的基本动力，决定着人对现实的态度，决定着人对认识活动的对象的趋向和选择。个性倾向性是个性系统的动力结构，它较少受生理、遗传等先天因素的影响，主要是在后天的培养和社会化过程中形成的。

三、个性的基本特征

（一）独特性

个性的独特性是指人与人之间没有完全相同的个性，人的个性千差万别。在现实生活中，我们无法找到两个完全一样的人。即使是血脉相连的兄弟、姐妹之间也存在着明显的差异。

个性的独特性并不排除人与人之间的共同性。虽然每个人的个性是不同于他人的，但对于同一个民族、同一性别、同一年龄段的人来说，个性往往存在着一定的共性。一个国家、一个民族的人心理都有一些比较普遍的特点。而同一年龄的人身上更是存在一些典型特点，如幼儿期的儿童有一些明显的共同特征：好动、好奇心强等。从这个意义上说，个性是独特性与共同性的统一。

（二）整体性

个性是一个统一的整体结构，是由各个密切联系的成分所构成的多层次、多水平的统一体。在这个整体中，各个成分相互影响、相互依存，使每个人的行为的各方面都体现出统一的特征。这就是个性的整体性含义。因此，从一个人行为的一个方面，往往可以看到他的个性，这就是个性整体性的具体表现。

（三）稳定性

个性具有稳定性的特点。个人的偶然的行为不能代表他真正的个性，只有比较稳定的、在行为中经常表现出来的心理倾向和心理特征才能代表一个人的个性。

个性是相对稳定的，但并不是一成不变的，因为现实生活是非常复杂的，现实生活的多样性和多变性带来了个性的可变性。对于一个处于成长发育期的孩子来说，即使是已经形成了一些比较稳定的个性特点，在一定的外界条件作用下，也会产生不同程度的改变。所以说，个性是稳定性和可变性的统一。

（四）社会性

人的本质是一切社会关系的总和。在人的个性形成、发展中，人的个性的本质方面是由人的社会关系决定的，如个性中最高层次的世界观。这些个性特征的形成，是和一个人所处的社会生活环境及其所受的教育有密切联系的。社会因素对个性的影响还表现在：即使一些比较基本的个性特征的形成，也与人所处的社会环境密不可分。影响个性形成的社会因素可以分为两个方面，即宏观环境和微观环境。宏观环境主要是指一个人的民族、国家、所处的时代及其社会生活条件和社会风气。微观环境主要是指家庭、学校，以及生活、工作环境。对于幼儿来说，影响其个性发展的主要是家庭和幼儿园。

个性具有社会性，但个性的形成也离不开生物因素。现代心理学已经证明，生物因素给个性发展提供了可能性，社会因素使这一可能变成现实。而影响个性的生物因素，主要是一个人的神经系统的特点。因此，我们说个性是社会性和生物性的统一。

四、幼儿期是个性初步形成的时期

人们普遍认为，学前期是幼儿个性初步形成的时期。因为幼儿期儿童心理活动的完整性、独特性和积极能动性都得到了明显的发展，同时作为个性组成部分的两大方面都已有了明显的表现。

（一）心理活动的完整性

孩子刚出生时，主要靠本能来维持生命，只具备简单的感觉现象，微弱的视力、听力及嗅觉、味觉等，随着孩子年龄的增长，逐渐出现记忆、想象、思维等各种心理现象。可以说，3岁前是幼儿各种心理现象逐渐发生的时期，但这时孩子的心理活动是零散的、混乱的。幼儿行为中有很多矛盾现象，如说哭就哭，说笑就笑，调节控制自己行为的能力非常差。而调节控制能力逐渐成为心理协调者的过程，发生在整个幼儿期。到了幼儿末期，幼儿调节、控制自己行为的能力逐渐增强，开始能够按照一定目的、计划去活动。只有当一个人能够按照自己的目的，控制自己行为的时候，才能说开始形成了一个完整的主观世界。由此可以看出，幼儿期心理活动开始具有系统性、完整性的特点。

（二）心理活动的独特性

幼儿的个性特征已显示出明显的差异：在新生儿期个别差异的基础上，幼儿气质的不同已十分明显；在能力方面，幼儿智力的差异及特殊能力也开始显露出来；特别是作为个性特征核心成分的性格开始形成。同时，幼儿的个人特点在不同的情境中表现渐趋一致，出现稳定的个人特点。如教师通过对幼儿日常生活行为的观察，可以对每个幼儿做出比较准确的个性评定。幼儿期的这种差异成为幼儿日后发展的基础，俗话说"三岁看大，七岁看老"，虽然有些绝对，但它表明了幼儿期个性的独特性及基础作用。

（三）心理活动的积极能动性

积极能动性对幼儿心理的各个方面产生巨大的影响。在自我意识方面，孩子对自己的评价及相应的自信心已经表现出差异。如有的孩子对自己充满信心，有的退缩；有的孩子能够控制自己，有的则自制力差。而自我意识水平的高低直接影响着幼儿的学习、生活，甚至对孩子以后的发展产生影响。在兴趣、爱好方面，有的孩子对事物充满好奇，喜欢探索，有的对什么都无所谓；有的喜欢昆虫，有的喜欢画画，有的则喜欢舞蹈等。兴趣、爱好的不同，提供了幼儿间发展好坏和朝哪个方向发展的可能性。兴趣性强的孩子会有更好的发展，因为孩子的兴趣是影响其学习效果的最主要因素。

五、幼儿个性发展对其人生发展的意义

幼儿期个性的发展将是他们以后成长的基础。如果在此时期形成了良好的个性品质，幼儿成长就会更加顺利；如果此时期发展出现问题，家长和教师对幼儿日后的再教育过程就很难，对孩子来讲，改正其不良个性特点的过程更加痛苦。

📄 案例展示

幼儿期个性的基础作用及影响

例1：一个小学二年级的女孩，为了让许多小朋友跟她玩，就买了一些小玩具戒指，并告诉其他同学，谁有这种小戒指就可以跟她玩。从她妈妈那里得知，用玩具等物品作为结交伙伴的手段，是在她上幼儿园时就有的。因为这个女孩本身长得非常矮小，在班里的玩伴少。为了和别人有更多的机会玩，她就经常从家里拿一些好的玩具，去"贿赂"那些在班里较有影响力的孩子。这种特点一直持续到小学二年级，并成为一种行为特点。

例2：一个初中二年级的女生，平时经常偷同学们好看的笔。是她没有笔用吗？不！她的笔比谁都多，一捆一捆地放在家里。就是因为喜欢，她才去偷。在她很小的时候，她想要什么，父母就给什么，在她的心目中，只要她想要，什么都应该是她的。

分析：从上述两个例子中，我们可以看出幼儿期儿童的个性对其以后的影响。可以说，我们每个人身上的特点，都可以在我们小的时候找到根源。可见，幼儿期的成长对一个人来说是多么的重要！这也提醒教育者，要注意幼儿个性的培养，为儿童的健康成长奠定一个良好的基础。

第二节 幼儿自我意识的发展情况

一、自我意识的含义

自我意识是自己对所有属于自己身心状况的意识，包括意识到自己的生理状况（身高、体重、神态及健康程度等）、心理特征（需要、兴趣、能力、性格等），以及自己与他人的关系（如自己与周围人相处的关系、自己在班集体中的地位和作用等）。自我意识就是作为主观的我对客观自我的意识，是个性系统中最重要的组成部分，制约着个性的发展。自我意识发展水平越高，个性也就越成熟和稳定。

二、自我意识的组成

（一）自我评价

自我评价是主观自我对客观自我的认识与评价，是对自己做出的某种判断。正确的自我评价，对个人的心理生活及其行为表现有较大影响。如果个体对自身的估计与社会上其他人对自己的客观评价距离过于悬殊，就会使个体与周围人们之间的关系失去平衡，产生矛盾，长此以往，将会形成稳定的心理特征——自满或自卑，不利于个人心理的健康成长。自我评价在自我意识系统中具有基础地位，属于自我意识中"知"的范畴，其内容广泛，涉及自身的方方面面。自我评价是自我意识发展的主要成分和主要标志，是在认识自己的行为和活动的基础上产生的，是通过社会比较而实现的。要提高人们的自我评价能力，就应学会与同伴进行比较，通过比较做出评价；还应学会借助别人的认知来评价自己，学会用一分为二的观点评价自己。由于自我认识是自我意识中的核心，它直接制约着自我体验和自我调控，所以，进行自我意识训练，核心应放在自我评价能力的提高上。

（二）自我体验

自我体验是主体对自身的认识而引发的内心情感体验，是主观的"我"对客观的"我"所持有的一种态度，如自信、自卑、自尊、自满、内疚、羞耻等都是自我体验。自我体验往往与自我认知、自我评价有关，也和自己对社会的规范、价值标准的认识有关，良好的自我体验有助于自我控制的发展。进行自我体验训练，就是让自己有自尊感、自信感和自豪感，不自卑、不自傲、不自满，随着年龄增长，懂得做错事应该感到愧疚，做坏事应该感到羞耻。

（三）自我控制

自我控制是自己对自身行为与思想语言的控制，具体表现为两个方面：一是发动作用，也就是支配某一行为；二是制止作用，抑制与该行为无关或有碍于该行为进行的行为。进行自我认知、自我体验的训练目的是进行自我控制，调节自己的行为，使行为符合群体规范，符合社会道德要求，通过自我控制调节自己的认知活动，提高学习效率。为提高自我控制的能力，重点应该放在促使一个转变上，即由外控制向内控制转变。

案例展示

东东自我控制的发展

东东因为打了人而没有拿到小红花，而其他小朋友都拿到了。当天妈妈来接他，他不肯回家，非要拿到小红花才肯离园。经过老师耐心教导，他明白了拿不到小红花的道理。从第二天起，他就自觉控制自己的行为，每天都要问老师："我今天表现好吗？"一天，老师说他有进步，给了他一朵小红花时，他高兴极了。

分析：从案例中可以看出东东自我意识的发展，主要表现为：①自我认识的发展，经过老师耐心的教导，东东明白了道理，这是他对自己行动的意识和对自己内心活动的意识；②自我评价的发展，东东没有得到小红花，不肯回家，后来每天都要问老师："我今天表现好吗？"当老师说他有进步，给了他一朵小红花时，他高兴极了，表明他还没有独立的自我评价，主要依赖于成人对他的评价；③自我控制的发展，东东从第二天起，自觉控制自己的行为，表明他不但能够根据成人的指示调节自己的行动，而且有自己的独立性，力求为满足自己的需要而改变周围的环境。

三、幼儿自我意识发展的特点

（一）幼儿自我评价发展的主要特点

1. 依赖成人的评价

幼儿初期，孩子还没有自我评价。他们的自我评价往往依赖于成人对他们的评价，如"老师说我是好孩子"。到了幼儿晚期，开始出现独立的评价。

2. 带有主观情绪性

幼儿往往不从事实出发，而从情绪出发进行自我评价，即使自己不如别人也往往说自己好。到了幼儿晚期，幼儿的自我评价会逐渐客观，有的幼儿还表现出谦虚。

3. 具有笼统性、片面性和表面性

评价不具体、不细致、不全面、不深刻，这与幼儿认识水平低有关。

（二）幼儿自我体验发展的主要特点

幼儿自我体验最明显的特点就是受暗示性。成人的暗示对幼儿自我体验的产生起着重要作用。年龄越小，表现越明显。如问幼儿，做捂眼睛贴鼻子游戏时，你私自拉下毛巾，被老师发现，你会觉得怎样？3岁的孩子只有3.33%的人有自我体验，而在受暗示时（你做了错事，觉得难为情吗），有26.67%的人有自我体验。这就提醒家长和教师要充分注意幼儿受暗示性强的特点，多采用积极的暗示，使幼儿逐步树立自信心，并逐渐学会体谅他人的心情。

（三）幼儿自我控制发展的主要特点

幼儿自我控制能力的发展主要表现在独立性、坚持性和自制力的发展方面。从3岁左右幼儿开始"闹独立"，什么事都想自己来，这是幼儿独立性发展的表现。随着年龄的发展，幼儿的独立性越来越强，可以自己做很多事情。幼儿的坚持性和控制自己的能力到5～6岁也有较大的发展。

四、培养幼儿自我意识的方法

自我意识是人的社会化的一个重要目标，也是人格发展的内在动因。具有积极的自我意识的儿童表现得自尊、自信、有进取心、有责任感；反之，则有自卑、畏缩、依赖、害怕挫折、害怕竞争的倾向，甚至会出现一些逆反行为。由此可见，培养幼儿的自我意识就显得极为重要。

（一）创设活动环境

蒙台梭利指出：对于幼儿生理和心理的正常发展来说，准备一个适宜的环境是十分重要的。只有给幼儿准备一个适宜的环境，才能对教育产生积极影响。

1. 创设一个宽松、自由发展的心理环境

在一个宽松、自由发展的心理环境里，幼儿能得到自然发展，有助于创造自我和实现自我。幼儿不再是知识被动的接受者，教师也不再是一个高高在上的知识的传授者，教师与幼儿是一种新型的伙伴关系，应与幼儿一起玩耍、一起欢笑、一起学习。只有这样，幼儿才会喜欢并主动投入环境，才会无拘无束、大胆自主地开展活动。

2.创设新奇、动态的物质环境

幼儿天生好奇、好动，几乎对任何动态的环境都感兴趣，而且他们自己也正是构成动态环境的最活跃的因素。因此，根据幼儿年龄特点、教育内容、季节变化，不断创设新奇的环境，充分利用场地及自然界所提供的沙石、泥、水、动植物，创设水池、沙坑、饲养角等，为幼儿提供充分活动的机会，引导幼儿独立去观察、操作、探索、发现，从而能认识问题和解决问题。

（二）培养幼儿的自我意识

1.为幼儿提供充分的感知材料

陈鹤琴指出："小孩子玩，很少是空着手玩的，必须有许多玩具来帮助才能玩得起来，才能满足玩的欲望……玩固然重要，玩具更重要。"这说明感知材料与幼儿活动有着密切的联系。因此，根据不同层次幼儿的需求、兴趣、情感态度、认知水平，提供数量充足、有利于幼儿自主发展的材料，支持幼儿自信活动的延伸。例如，在区域活动中，教师观察到大多数幼儿会拼四块、六块的拼图了，且兴趣下降时，及时投放八块、十块的拼图，重新激发幼儿探索的兴趣；教师观察到某个幼儿遇到困难，活动无法进行时，适当给予语言、实物的指导，引导幼儿继续活动。

2.让幼儿积极参与各种活动的组织和设计

人的才能是在活动中培养的，也是在活动中展示的，每个幼儿都有自己的潜能和特长，幼儿只有通过活动，才能获得客观认识自己，评价自己的能力。幼儿在参与活动的过程中，他们必须放弃以自我为中心，学会站在别人的角度思考问题，关心理解他人心情；必须学会自我控制和克服任性、暴躁等缺点，重新认识自己，调整自己的言行。在活动中，教师应该改变以往的示范讲解，让幼儿模仿学习的模式，鼓励幼儿大胆尝试，参与活动的组织和设计。

3.帮助幼儿提高自我评价的能力

幼儿初期，幼儿还不会独立地进行自我评价，他往往不加考虑地轻信成人对他的评价，且自我评价只是简单重复成人的评价。例如，幼儿评价自己的画画得好，因为"这是老师说的"。幼儿一般会由于自己得到教师的喜爱而感到愉悦与自我满足，而且会由于自己的行动受到教师的肯定而自豪。教师应密切注意幼儿的行为表现，帮助幼儿一开始就对自己产生正面的、积极的评价，能从各种角度来看待、评价自己，避免产生消极评价，提高幼儿自我评价的能力与自觉性。同时，教师需要意识到孩子在怎样的具体情景下以何种方式看待自己，敏锐地察觉孩子的偏见，有效地调整幼儿的自我意识，使幼儿经常自觉地对自己做出各种评价，并且向着社会所期待的方向发展。

（三）指导家长实施正确的教育

家庭教育是幼儿教育的重要组成部分，家长的言谈举止，有意无意地影响着幼儿。现在大多数家长对自己的孩子缺乏足够的认识，况且，孩子的性格特征也有所差异，在家和在幼儿园的表现不完全一致，容易造成家长对幼儿片面的认识。因此，教师应经常和家长交流情况，采用请家长观摩幼儿的活动、召开家长会、介绍教育方法和教育经验、举办专题讲座等形式，帮助家长全面了解自己的孩子，指导家长实施正确的教育，不要将自己孩子与别人孩子横向比较，不说"你看，某某小朋友画画得多好呀""某某小朋友会讲那么多的故事""你看你能干什么呀"等挫伤自尊心的话，以免幼儿产生消极的情绪，要考虑自己孩子的实际情况，不急躁、不气馁，使幼儿在家中也能接受比较正确的教育，得到恰当的评价。

第三节　幼儿需要的发展情况

一、需要概述

（一）需要的含义

需要是人脑对生理需求和社会需求的反映，即人的物质需要和精神需要两个方面。它既是一种主观状态，也是一种客观需求的反映。人为了求得个体和社会的生存和发展，必须要求获得一定的事物，如食物、衣服、睡眠、劳动、交往等。这些需求反映在个体大脑中，就形成了需要。需要被认为是个体的一种内部状态，或者说是一种倾向，它反映个体对内在环境和外部生活条件的较为稳定的要求。人的需要是一个多层次的结构，最低级需要是人的生理需要，在生理需要满足的条件下，会产生高一级的需要即安全需要。在这两种需要满足的前提下，各种社会性需要就会逐渐出现，如被尊重的需要、友谊的需要及成就的需要等。

（二）需要的种类

1. 自然需要和社会性需要

根据需要的产生和起源，可以将需要分为自然需要和社会性需要。自然需要是个体为保护和维持自己生命及延续其后代所需条件的要求，这是人类最基本、最原始的需要，如饮食、睡眠、休息等。如果自然需要在一段时间内得不到满足，人类就会死亡，也不能够繁衍后代。社会性需要是指与人的社会生活相联系的一些需要，如对劳动、交往、成就、奉献的需要等。社会性需要是起源于社会生活的、人所特有的高级需要，是维持社会发展所需求的事物的反映，它表现了人的活动对文化成果的依赖性。社会的需要表现为这样或那样的社会要求，当个人认识到这些社会要求的必要性时，社会的需要就可能转化为个人的社会性需要。社会性需要是后天习得的，源于人类的社会生活，属于人类社会历史的范畴，并随着社会生活条件的不同而有所不同。社会性需要也是个人生活所必需的，如果这类需要得不到满足，就会使个人产生焦虑、痛苦等情绪。社会性需求的种类很多，如劳动需要、交往需要和成就需要等。

2. 物质需要和精神需要

根据需要的对象，可以将需要分为物质需要和精神需要。物质需要是对社会物质生活条件的需要，包括对自然需要和社会需要中的物质对象的需要。人与一般的动物不同，动物为了自己的生存，只能本能地获取食物满足需求，而人是有意识、有思想的高级动物，除了衣、食、住、行等生存方面的物质需要外，还要有文化生活、理想、荣誉、友谊等精神方面的需求。事实证明，物质需要的满足，并不能使一个人感到真正的幸福，只有加上精神生活的满足，才能引起强烈的幸福感。也就是说，在物质需要中，既包括自然需要，也包括社会性需要。精神需要是指对观念对象的需求，诸如道德、情感、求知、审美等。精神需要如果长时间得不到满足，就会阻碍心理的正常发展。

🔗 知识拓展

马斯洛的需要层级——缺失性需求与发展性需求

美国心理学家马斯洛把人格需要分为两大类：缺失性需要和发展性需要。缺失性需要和人的本能相联系，与一个人的健康状况有关，缺乏时会引起身体异常，包括生理需要、安全需要、爱和归属的需要、尊重需要。发展性需要是不受本能驱动和支配的需要，发展性需要是以发挥自我潜能为动力，这类需要的满足能给人很大的愉悦感，包括认知需要、审美需要、自我实现的需要。

马斯洛认为，缺失性需要和发展性需要是具有层级性的，只有缺失性需要得到了满足才会出现更高级的发展性需要。马斯洛认为从低到高，需要的层次是：生理需要、安全需要、爱和归属的需要、尊重需要、认知需要、审美需要、自我实现的需要。只有当所有的需要都相继被满足，才会出现自我实现的需要。通俗地说，只有在满足所有其他需要的基础上，人们才会去追求自己的理想。

马斯洛的需要层次理论把需要从低级到高级进行了排序，但是他认为高一级的需要必须建立在低一级需要的基础之上，这样的假设脱离了现实的社会历史条件。马斯洛的需要层次理论无法解释为什么有些人为了理想可以颠沛流离，但是不能否认的是，马斯洛的需要层次理论为我们呈现了一个全面的需要图景，同时也为我们提供了一个一般意义上的需要发展视角。

二、幼儿需要的发展特点

幼儿除了生理性需求之外，开始出现明显的社会性需求。同时，需要的发展已经显现出明显的个性特点。

（一）开始形成多层次、多维度的整体结构

幼儿的需要中，既有生理与安全需要，也有交往、游戏、尊重、学习等社会性需要，并且各种需要的水平也在提高（见表9-1）。

表9-1　幼儿需要的结构模式

层次	生理与物质生活	安全与保障	交往与友爱	游戏活动	求知活动	尊重与自尊	利他行为
1	吃、喝、睡等	人身安全	母爱	游戏	听讲故事	信任、自尊	劳动
2	智力玩具	躲避羞辱	友情	文娱活动	学习知识	求成	助人

（二）优势需要有所发展

幼儿期占主导地位的优势需要由几种强度较大的需要所组成，同时，每种需要在整体中所占的地位也在发生变化（见表9-2）。在3～6岁这一阶段，不同年龄儿童需要的排序都在发生变化，说明幼儿期是需要发展的活跃期。应该特别注意的是，从5岁开始，儿童的社会性需求迅速发展，求知的需要、劳动和求成的需要开始出现。而6岁时，儿童希望得到尊重的

需要强烈，同时对友情的需要开始发生。这都应该引起教师和家长的重视。

表 9-2　幼儿期各种需要的地位和变化

年龄	生理	母爱	人身安全	游戏	听讲故事	学习知识	劳动	求成	信任与尊重	友情
3岁	1	2	3	4	5					
4岁	2	4	5	1	3					
5岁	2			4		1	3	5		
6岁	4					2	3		1	5

注：表中的数字代表幼儿期各种需要的地位和变化，数字越小，地位越重要。

第四节　幼儿气质的发展情况

一、气质概述

（一）气质的含义

气质是表现在心理活动的强度、速度、灵活性与指向性等方面的一种稳定的心理特征。人的气质差异是先天形成的，受神经系统活动过程的特性所制约。孩子刚一出生时，最先表现出来的差异就是气质差异，有的孩子爱哭好动，有的孩子平稳安静。

（二）气质的类型理论

人的气质是有明显差异的，这些差异属于气质类型的差异。对气质类型的划分，有不同的见解，因而形成不同的气质理论。

1. 体液理论

希波克拉底（Hippocrates）是古希腊著名的医生，他认为体液即人体性质的物质基础。他在"四根说"发展为"四液说"的基础上，进一步加以系统化。希波克拉底认为人体中有四种性质不同的液体，它们来自不同的器官。其中，黏液生于脑，是水根，有冷的性质；黄胆汁生于肝，是气根，有热的性质；黑胆汁生于胃，是土根，有渐温的性质；血液出于心脏，是火根，有干燥的性质。人的体质不同，是四种体液所占的比例不同所致。

盖伦（Galenus）是欧洲古代医学的集大成者，也是罗马帝国时期著名的生物学家和心理学家。他从希波克拉底的体液说出发，创立了气质学说，他认为气质是物质（或汁液）的不同性质的组合，他说气质共有 13 种。在此基础上，气质说继续发展，成为经典的四种气质类型（见表 9-3）。

表9-3 按气质说分类

类型	特点
多血质	活泼好动、反应快、爱交际，但稳定性差、见异思迁、粗枝大叶
黏液质	稳重踏实、自制力强，但反应慢、可塑性差、有些死板
抑郁质	行为孤僻、不善交际、适应力差、多愁善感
胆汁质	直率热情、表里如一，但暴躁易怒、脾气急、感情用事

2. 体型说

体型说由德国精神病学家恩斯特·克雷奇默（Ernst Kretschmer）提出。他根据对精神病患者的临床观察，认为可以按体型划分人的气质类型。根据体型特点，他把人分成三种气质类型，即肥满型、瘦长型、筋骨型。肥满型产生躁狂气质，其行动倾向为善交际、表情活泼、热情、平易近人等；瘦长型产生分裂气质，其行动倾向为不善交际、孤僻、神经质、多思虑等；筋骨型产生黏着气质，其行动倾向为迷恋、认真、理解缓慢、行为较冲动等。他认为三种体型与不同精神病的发病率有关。

美国心理学家 W. H. 谢尔登（W. H. Sheldon）认为，形成体型的基本成分——胚叶与人的气质关系密切。他根据人外层、中层和内层胚叶的发育程度将气质分成三种类型（见表9-4）。

表9-4 按体型说分类

类型	胚叶发育程度	特点
内胚叶型	丰满、肥胖	图舒服、好美食、会找轻松的事做、好交际、行为随和
中胚叶型	肌肉发达、结实、体型呈长方形	武断、过分自信、体格健壮、主动积极、咄咄逼人
外胚叶型	高大细致、体质虚弱	善于自制、对艺术有特殊爱好、倾向于智力活动、敏感、反应迅速、热心负责、易疲劳

体型说虽然揭示了体型与气质的某些一致性，但并未说明体型与气质间关系的机制，体型对气质是直接影响或是间接影响，二者之间是连带关系还是因果关系。另外，研究结果主要是从病人得来的，因此缺乏一定的科学性。

3. 激素说

激素说是美国生理学家 L. 伯曼（L. Berman）提出的。他认为，人的气质特点与内分泌腺的活动有密切关系。此理论根据人体内哪种内分泌腺的活动占优势，把人分成甲状腺型、脑下垂体型、肾上腺型和性腺型。甲状腺型的人中，甲状腺分泌过多者精神饱满、意志坚强、感知灵敏；甲状腺分泌不足者迟缓、冷淡、痴呆、被动，可能发生痴呆症。脑下垂体型的人中，垂体腺分泌增多者性情强硬、脑力发达、有自制力、喜欢思考、骨骼粗大、皮肤甚好、早熟、生殖器发达；垂体腺分泌不足的人往往身材短小，脂肪多、肌肉萎缩、皮肤干燥、思想迟钝、缺乏自制力。肾上腺型的人中，肾上腺分泌过多者雄伟有力、精神健旺、皮肤深黑而干燥、毛发浓密、专横、好斗情绪容易激动；肾上腺分泌不足者体力衰弱、反应迟缓。性腺型的人中，性腺分泌过多的人性别角色突出、常感不安、好色、具有攻击性；性腺分泌不足的人往往性的特征不明显，易同性恋，进攻行为少。

现代生理学研究证明，从神经—体液调节来看，内分泌腺活动对气质的影响是不可忽视的。但激素说过分强调了激素的重要性，从而忽视了神经系统，特别是高级神经系统活动特性对气质的重要影响，不乏片面倾向。

4. 血型说

血型说是日本学者古川竹二等人的观点。他们认为气质是由不同血型决定的，血型有 A 型、B 型、AB 型、O 型，与之相对应的气质也可分为 A 型、B 型、AB 型与 O 型四种（见表 9-5）。但这种观点也是缺乏科学依据的。

表 9-5　按血型说分类

类型	特点
A 型	温和、老实稳妥、多疑、顺从、依赖他人、感情易冲动
B 型	感觉灵敏、镇静、不怕羞、喜社交、好管闲事
AB 型	为 A、B 型结合
O 型	意志坚强、好胜、霸道、喜欢指挥别人、有胆识、不愿吃亏

5. 活动特性说

活动特性说是美国心理学家 A. H. 巴斯（A. H. Buss）的观点。他用反应活动的特性，即活动性、情绪性、社交性和冲动性作为划分气质的指标，由此区分出四种气质类型（见表 9-6）。

表 9-6　按活动特性说分类

类型	特点	表现
活动性	抢先迎接任务、爱活动、不知疲倦	婴儿期表现出手脚不停乱动；儿童期表现出在教室坐不住；成年时显露出强烈的事业心

续表

类型	特点	表现
情绪性	觉醒程度和反应强度大	婴儿期表现出经常哭闹；儿童期表现出易激动、难以相处；成年时表现出喜怒无常
社交性	渴望与他人建立密切的联系	婴儿期表现出要求母亲和熟人在身旁，孤单时好哭闹；儿童期表现出易接受教育的影响；成年时与周围的人相处很融洽
冲动性	缺乏抑制力	婴儿期表现出等不得母亲喂饭；儿童期表现出经常坐立不安、注意力容易分散；成年时表现为讨厌等待，倾向于不假思索行动

用活动特性来区分气质类型是近年来出现的一种新动向，不过活动特性的生理基础是什么，却没有揭示出来。

6. 气质三类型说

气质三类型说是美国儿科医生 T. 布雷泽尔顿（T. Brazelton）的观点。他将婴儿心理气质划分为三种基本类型：活泼型、安静型和一般型（见表9-7）。

表9-7　按气质三类型说分类

类型	特点
活泼型	等不及任何外界刺激就开始哭喊；护士给他穿衣服时他大喊大叫，脚挺直，或用脚踢，用手推护士；睡醒后立即就哭，从深睡到大哭似乎没有较长的过渡阶段，每次喂奶对母亲来说都是一场战斗
安静型	出生后就不活跃，安安静静地躺在小床上，很少哭，动作柔和、缓慢，眼睛睁得大大的，四处环视；第一次洗澡时他也只是睁大眼睛、皱皱眉，没有惊跳，也不哭，甚至连打针时也较安静而不大闹
一般型	这类婴儿介于前两类之间，大多数婴儿都属于这一类

（三）幼儿气质的特点

1. 幼儿气质具有稳定性

幼儿各种气质特征虽然随着年龄的增长而发展，但发展的速度逐渐缓慢、平稳。有学者对138名儿童从出生直到小学的气质发展进行了长达10年的追踪研究。结果发现，在大多数儿童身上，早期的气质特征一直保持稳定不变。[①]

---

① 陈帼眉. 幼儿心理学 [M]. 北京：北京师范大学出版社，2017.

2.生活环境可以改变幼儿的气质

幼儿气质发展中存在"掩蔽现象"。"掩蔽现象"是指一个人的气质类型没有改变，但是形成了一种新的行为模式，表现出一种不同于原来类型的气质外貌。例如，一儿童的行为表现明显属于抑郁质，但神经类型的检查结果都是"强、平衡、灵活型"。究其原因，发现这个儿童长期处于十分压抑的生活条件下，这种生活条件下形成的特定行为方式掩盖了原有的气质类型，而出现了委顿、畏缩和缺乏生气等行为特点。由此可见，儿童的气质类型具有相对稳定的特点，但并不是一成不变的，其后天的生活环境与教育可以改变原来的气质类型。

3.儿童气质影响父母的教养方式

儿童的气质类型对父母的教养方式有较大影响。父母对待不同类型的孩子的行为方式是不同的。如果孩子的适应性强、乐观开朗、注意持久，则父母的民主性表现突出。而影响父母教养方式的消极气质因素包括较高的反应强度（如平时大哭大闹）、高活动水平（如爱动、淘气）、适应性差及注意力不集中等。可见，儿童自身的气质类型，通过父母教养方式而间接影响自身的发展。因此，父母和教师平时要注意孩子的气质特点，同时，还要避免儿童气质中的消极因素对自己教育方式的影响。

二、幼儿气质的培养

不同气质类型的幼儿，长大后会形成不同的性格，教师和家长要根据幼儿的实际情况因势利导，因材施教。注意发挥幼儿气质类型的积极因素，避免消极因素。

幼儿气质发展
特点

（一）了解并接纳幼儿的气质

幼儿之间的气质类型不同，因此在日常生活和学习中的表现自然也不一样。教师和家长应该了解和接纳幼儿的气质，也重视幼儿间气质的个体差异，客观地纵向评价幼儿的发展，并在教养态度上做适度的调整，不要盲目地在幼儿之间进行对比。

（二）为幼儿提供适当的学习刺激

幼儿的能力表现是遗传、环境、学习、成熟等综合作用的结果，幼儿的发展离不开学习。教师和家长应结合幼儿的气质类型，配合幼儿的需要，提出合理的要求，在了解幼儿气质类型的基础上，提供适当的学习刺激。

（三）让幼儿参与适量的活动

适度的活动对幼儿是必要的，家长可利用住家附近的公园或较大的场地，鼓励幼儿活动筋骨，将对其骨骼、肌肉、神经等平衡、协调发展有益。然而必须留意幼儿的活动量是否过大，如经常有跌倒、撞伤等情况出现，建议去医院做相关检查。

（四）多鼓励和表扬幼儿

无论是什么气质类型的幼儿都是需要鼓励和表扬的，在安全范围内，教师和家长应鼓励和引导幼儿接近及尝试新事物。例如，带领孩子多和小朋友接触，当孩子之间遇到问题时，让孩子们自己想办法解决；到餐厅的时候鼓励孩子和服务员表明自己的要求；多多肯定孩子的优点，以优点克服不足。

（五）培养幼儿的适应度和自信心

允许幼儿有较长的时间去适应环境，幼儿遇到挫折时，教师和家长应给予情绪上的支持，并做适当的引导。平时则可给幼儿一些独立处理自己事情的机会，当幼儿表现良好时，也不要过于赞美。

（六）特殊气质的幼儿要特殊对待

对学习能力发展较慢的幼儿，教师和家长需付出更多的爱心和耐心，并且接纳他，幼儿在处理事务有困难时，能适时伸出援手，必要时可划分成更细小的步骤，慢慢引导他，或与其共同完成；幼儿在表达情绪和需求困难时，试着发挥同情心去了解他，鼓励和帮助他表达自己的感受和意见，并尽量给予支持。对适应性、灵活性、稳定性较高的幼儿，教师和家长可提醒他容易忽略的细节，或直接强调他要注意的事，必要时不妨提高音调或重复几次，以提高他的注意力。

🔗 知识拓展

气质发展的拟合优度模型

对于如何根据不同的气质进行教育，A. 托马斯（A. Thomas）和 S. 切斯（S. Chess）提出的拟合优度模型值得借鉴学习。这一模型描述了在气质和环境因素的共同作用中，关键在于父母的教养方式是否与儿童的气质特点相符合。

当父母的教养方式和孩子的气质不一致时，称为"拟合劣化"。父母只要积极正面地教育孩子，为孩子创造一个愉快、稳定的家庭环境，婴幼儿期的适应障碍就会随着年龄的增长而降低。对于一个退缩、害羞的儿童来说，如果母亲能够经常提问、耐心启发、引导孩子观察，有目的性地促进儿童的探索行为，就可以帮助孩子克服气质中的不足之处。在拟合优度模型中，父母的教养方式不仅是根据孩子的气质，而且受文化价值和生活条件的影响。

气质与父母教养方式的拟合优度模型提示我们：每一个婴儿都是带着独一无二的气质来到这个世界上的，气质无好坏之分。父母所要做的就是提供适合儿童发展的成长环境，给他们以成长的力量，帮助他们迎接成长的挑战。

第五节　幼儿性格的发展情况

一、性格的定义

性格是表现在人对现实的态度和惯常的行为方式中比较稳定的心理特征，性格的特点表现在两个方面。

（一）对现实的态度

在日常生活中，人们对待周围的人与事的态度是各式各样的。如有的人待人热情，善于关心别人；有的人冷漠；有的人私心很重，只顾自己；有的人勤劳；有的人懒惰等。这种经常表现出的对人、对己及对事的态度差异是人性格的主要方面。

（二）惯常的行为方式

所谓惯常的行为方式，区别于一时的、偶然的，如某人勇敢、坚强，只是在一个偶然的场合表现出胆怯的行为，不能据此就说他有怯懦的性格特征。

人在现实生活中的行为方式是多种多样的，包括衣食住行的各个方面。但这些行为方式并不是无规律地堆积在一个人的身上，而是在人生观和价值观指导下各种生活方式的总和。如一个有着高尚人生观和价值观的人，他在现实生活中最典型的行为方式是关心他人、勤奋、无私、勇敢；而一个只顾自己的人，遇事首先是为自己打算，就会表现出怯懦。

稳定的态度和惯常的行为方式是统一的。人对现实的态度决定其行为方式，而惯常的行为方式又体现人对现实的态度。

🔗 **知识拓展**

性格与气质的关系

性格和气质都是人的个性心理特征，都体现了个体之间的差别，但仍必须区分二者的不同。气质是个体心理活动的动力特征，与性格相比较，气质受先天因素影响大，并且变化比较难、比较慢；性格主要是在后天形成的，具有社会性，变化比较容易、比较快。气质是行为的动力特征，与行为的内容无关，因此气质无好坏善恶之分；性格涉及行为的内容，表现个体与社会的关系，因而有好坏善恶之分。

一方面，性格与气质相互区别，而另一方面性格和气质相互渗透、彼此制约。气质影响性格，使性格"涂上"一种独特的色彩，比较明显的是在性格的情绪性和表现的速度方面。例如，多血质的人表现为情绪饱满、情绪充沛；黏液质的人表现为操作精细、踏实肯干等。气质还影响性格形成和发展的速度及动态。例如，黏液质和抑郁质的人比多血质和胆汁质的人更容易形成具有自制力的性格特征。性格可以在一定程度上掩盖或改造气质。例如，从事精细操作的外科医生应该具有冷静沉着的性格特征，在职业训练过程中有可能被掩盖或改造成容易冲动和不可遏止的胆汁质的气质特征。

正是因为性格与气质之间复杂的联系，所以具有不同气质类型的人可以形成同样的性格特征，而具有同一气质类型的人也可以形成不同的性格特征。

二、幼儿性格的差异

幼儿的性格是在先天气质类型的基础上，在儿童与父母相互作用中逐渐形成的。幼儿性格的最初表现是在婴儿期，3岁左右的儿童出现了最初的性格差异，主要表现在以下几方面。

（一）合群性

在幼儿与伙伴的关系方面，可以看出明显的区别，如有的孩子比较随和，富有同情心，看到小伙伴哭了会主动上前安慰，当发生争执时，较容易让步；而另一些孩子存在明显的攻击行为，如在托儿所，一般每个班里都会有爱打人的孩子。

（二）独立性

独立性是婴幼儿期发展较快的一种性格特征，独立性的表现在2～3岁时变得明显。独立性强的孩子可以做很多事情，如有的孩子在2岁多时就可以用筷子吃饭、自己洗手等，而有的孩子这时吃饭还得大人追着喂；有的孩子可以晚上独睡，而有的孩子离不开妈妈，表现出很强的依赖性。

（三）自制力

在正确的教育下，有些 3 岁左右的幼儿已经掌握了初步的行为规范，并学会了自我控制，如不随便要东西，不抢别人的玩具，当要求得不到满足时也不会无休止地哭闹；而另一些孩子则不能控制自己，当要求得不到满足时就以哭闹为手段，要挟父母。

（四）活动性

有的幼儿活泼好动，手脚一直动个不停，对任何事物都表现出很强的兴趣且精力充沛；有的幼儿则好静，喜欢做安静的游戏，一个人看书或看电视等。

幼儿的性格差异还表现在坚持性、好奇心和情绪等方面。

三、幼儿性格的特征

在婴儿期性格差异的基础上，幼儿期儿童的性格差异更加明显，并越来越趋向于稳定。总的来说，幼儿的性格发展相对于小学和中学的儿童更具有明显的受情境制约的特点，家庭教育、幼儿园教育对孩子的性格发展有着至关重要的影响；同时，幼儿的性格具有很大的可塑性，行为容易得到改造，如果在此时期加强教育，可以改正幼儿在婴儿期出现的一些不良的性格特点。

在幼儿性格差异日益明显的同时，幼儿性格的年龄特征也越来越明显，具体表现在以下几方面。

（一）活泼好动

活泼好动是幼儿的天性，也是儿童性格的最明显特征之一，不论是何种类型的幼儿都有此共性。即使那些非常内向、羞怯的幼儿，在家里或者与非常熟悉的小伙伴玩耍时，也会表现出活泼好动的天性。

玩对幼儿来说似乎永远不会感到厌倦。幼儿并不会因为不断活动而感到疲劳，往往对过于单调和枯燥的活动感到厌倦。活动对形成幼儿良好、愉快的情绪具有积极的意义。

（二）喜欢交往

儿童进入幼儿期后，在行为方面明显的特征之一是喜欢和同龄或年龄相近的小伙伴交往。在任何地方，对于大多数孩子来说，可以不经他人特别介绍，孩子之间会很快、自然而然地熟悉起来，并一起做游戏。

这一点从幼儿游戏的发展可以看出，3岁以后，儿童游戏中的社会性成分逐渐加强，个体游戏减少，与同伴有联系的、合作性的游戏增多。可见，与同龄人的交往是幼儿期的一个明显需要。

通过对那些被拒绝和被忽略的幼儿的研究发现，他们很少和小伙伴交往，感到更加孤独。换言之，对于所有幼儿来说，他们都希望与小伙伴共同游戏，并被别人接纳。

（三）好奇好问

幼儿有着强烈的好奇心和求知欲，主要表现在探索行为和好奇好问两方面。

幼儿对客观事物，特别是对未见过的新鲜事物非常感兴趣，什么都想看看、摸摸，如常见的幼儿的"破坏"行为。

好问，是幼儿好奇心的一种突出表现。幼儿天真幼稚，对于提问毫无顾虑。他们经常要问许多个"是什么"和"为什么"，甚至连续追问，可谓是"打破砂锅问到底"。

（四）模仿性强

模仿性强是幼儿期的典型特点，小班幼儿表现尤为突出。幼儿模仿的对象可以是成人，也可以是儿童。对成人模仿更多的是教师或父母的行为，这是由于这些人是幼儿心目中的"偶像"，他们希望通过对成人行为的模仿而尽快长大，进入成人的世界。幼儿之间的相互模仿更多，如一个幼儿看到或听到另一个幼儿在做一件事或背一首儿歌，他会有意无意地模仿。幼儿模仿的内容多是社会行为，还有一部分是学习知识方面的模仿。幼儿的模仿方式有即时模仿（马上照着做），也有延迟模仿（过一段时间后的模仿）。

四、幼儿性格的培养

（一）给幼儿树立良好的榜样

教师是幼儿的一面镜子，是他们最直接的模仿对象，教师的言谈举止都有意无意地影响着幼儿，他们通过观察不加选择地模仿教师的一举一动。

幼儿小时候所留下的印象，哪怕是极微小，小到几乎觉察不出的，都可能对幼儿有着极重大、长久的影响。因此教师的言谈举止对幼儿性格的形成有着重要的影响。

📋 案例展示

让座的豆豆

妈妈和豆豆坐在公交车上，途中上来一位老爷爷，妈妈连忙起身让座。过了一会儿，一位抱着婴儿的阿姨上车了。还没等大家反应过来，豆豆就跳下座位说："阿姨，您坐这儿吧。"看着小婴儿扑闪的眼睛，母子俩会心地笑了。

分析：豆豆看到妈妈让座，继而自己也产生了让座的行为，体现了榜样的作用。父母榜样作为一种具体的形象，具有强烈的暗示和感染力量。父母的表现在很多情况下会成为孩子的参照。教育好孩子，重要的不是讲大道理，而是为孩子做榜样，让孩子跟着你做。身教重于言教，要求在孩子身上形成的品质和良好习惯，父母都应具备。

（二）让幼儿的生活充满爱

是否经常受到关爱对幼儿的健康成长有着重要的影响，经常得不到爱的幼儿易形成孤僻、自卑等不良性格。幼儿期望受到重视，特别是在集体活动中，如果受到老师的表扬，那么幼儿就会情绪高涨，自信心大大增强。因此，教师在组织活动的过程中要多与幼儿接触，一句赞赏的话、一个亲切的眼神，或是拍拍他的肩膀，都能激发幼儿积极参与的热情。此外，教师和家长要多用肯定和鼓励的语言和幼儿交流，如"你行""你一定能成功"等；而一些有伤自尊的话，在批评时千万不要用，如"你滚开，我再也不愿见到你""再不听话，我就不要你了"，这只能造成大人与孩子的感情隔阂，不利于教育的进行。我们要用宽容和爱心去对待每一个幼儿，让幼儿的生活充满爱。

（三）在游戏中促进幼儿良好性格的养成

游戏是一种符合幼儿身心发展要求的快乐自主的活动，它具有自主性、趣味性、实践性等。游戏可以巩固和丰富幼儿的知识，促进其各种能力的发展。通过游戏，可以有意识地改变幼儿的不良性格，如好动、稳定性差的幼儿，可以安排他们在游戏中担任安静的角色，从而克制自己，控制原来的不良性格，培养其稳重的性格；对于比较内向的幼儿，可以引导他们多交朋友，在游戏中扮演能够与其他小朋友多交流的角色，使他们变得积极、主动，进而提高他们的交往能力。在游戏中，幼儿表现了自己影响和掌控环境的能力，建立起对自己的自信心，当幼儿完成了游戏中的任务时，就会获得成功的喜悦，有利于其以后良好性格的养成。

第六节　幼儿能力的发展情况

一、幼儿能力概述

（一）能力的含义

能力是指人们成功地完成某种活动所必须具备的个性心理特征。它是复杂的心理结构，由多种成分结合而成。人们从活动中表现出来的能力有所不同。能力是直接影响活动效率，并使活动顺利完成的个性心理特征。能力总是和人完成一定的活动相联系在一起的，离开了具体活动既不能表现人的能力，也不能发展人的能力。

（二）能力的种类

1. 一般能力和特殊能力

一般能力是指观察、记忆、思维、想象等能力，通常也叫智力，它是人们完成任何活动所不可缺少的，是能力中最主要且最一般的部分。特殊能力是指人们从事特殊职业或专业需要的能力。人们从事任何一项专业性活动既需要一般能力，也需要特殊能力。二者的发展也是相互促进的。

2. 晶体能力和流体能力

晶体能力是以学得的经验为基础的认知能力，如人类学会的技能、语言文字能力、判断力、联想力等，与流体能力相对应。晶体能力受后天的经验影响较大，主要表现为运用已有知识和技能去吸收新知识和解决新问题的能力，这些能力不随年龄的增长而减退，只是某些技能在新的社会条件下变得无用了。晶体能力在人的一生中一直在发展，它与教育、文化有关，并不因年龄增长而降低，只是到 25 岁以后，发展的速度渐趋平缓。流体能力是指在信息加工和问题解决过程中所表现出来的能力，如对关系的认识、类比、演绎推理的能力等。它较少地依赖于文化和知识的内容，而决定于个人的禀赋。流体能力是指基本心理过程的能力，它随年龄的衰老而减退。

3.模仿能力和创造能力

模仿能力是指通过观察别人的行为、活动来学习各种知识，然后以相同的方式做出反应的能力。而创造能力则是指产生新思想和新产品的能力。

能力与大脑的机能有关，它主要侧重于实践活动中的表现，即顺利地完成一定活动所具备的稳定的个性心理特征；能力是运用智力、知识、技能的过程中，经过反复训练而获得的。能力是人依靠自我的智力和知识、技能等去认识和改造世界所表现出来的身心能量。各种能力的有机结合，发生质的变化的能力称为才能。才能高度发展，可以创造性地完成任务的能力称为天才。

4.认知能力、操作能力和社交能力

认知能力是指接收、加工、储存和应用信息的能力，它是人们成功地完成活动最重要的心理条件。知觉、记忆、注意、思维和想象的能力都被认为是认知能力。美国心理学家罗伯特·加涅（Robert Gagne）提出三种认知能力：言语信息（回答世界是什么的问题的能力）、智慧技能（回答为什么和怎么办的问题的能力）和认知策略（有意识地调节与控制自己的认知加工过程的能力）。

操作能力是指操纵、制作和运动的能力。劳动能力、艺术表现能力、体育运动能力、实验操作能力都被认为是操作能力。操作能力是在操作技能的基础上发展起来的，又成为顺利地掌握操作技能的重要条件。

认知能力和操作能力联系紧密，认知能力中必然有操作能力，操作能力中也一定有认知能力。

社交能力是指人们在社会交往活动中所表现出来的能力。组织管理能力、言语感染能力等都被认为是社交能力。在社交能力中包含认知能力和操作能力。

（三）幼儿能力的发展概况

1.幼儿智力的发展

儿童从出生到 5 岁是智力发展最为迅速的时期。在儿童智力发展的过程中，儿童的智力最初已经是复合的，其发展趋势是各种智力因素的比重和地位不断变化，这种观点已被越来越多的人接受。美国婴幼儿智力测验专家 N. 贝利（N. Bayley）发现，影响不同年龄儿童的智力成分变化的主要因素是不同的，随着年龄的发展，那些复杂的因素越来越重要。各年龄儿童

的智力成分的变化如表 9-8 所示。

表 9-8　各年龄阶段儿童的智力成分变化

年龄	智力成分的变化
10 个月前	视觉追踪、社会反应性、视觉兴趣、动作灵活性的发展
10～30 个月（不包含 30 个月）	知觉探索、声音交往、对物体意义的接触、知觉辨别能力的发展
30～50 个月（不包含 50 个月）	物体关系、形状记忆、言语知识的发展
50～70 个月	言语知识、复杂的空间关系、词汇的发展

关于儿童智力随着年龄变化的观点提醒教师和家长，根据不同年龄儿童心理的这些特点，在不同的阶段，对儿童智力培养的内容要有所不同。总的来说，幼儿期应该特别重视儿童观察力、注意力和创造力的培养。

2. 幼儿特殊能力的表现

幼儿期，有些幼儿的特殊才能已经开始有所表现，如音乐、绘画、体育、数学、语言等。音乐才能在幼儿期出现的，比以后年龄出现的概率更大（见表 9-9）。所以，教师应该在平时的工作中注意这类儿童的发展。

表 9-9　最早出现音乐才能的年龄阶段

单位：%

性别	3 岁	4～5 岁	6～8 岁	9～11 岁	12～14 岁	15～17 岁	18 岁及以后
男	22.4	27.3	19.5	16.5	10.7	2.4	1.2
女	31.5	21.8	19.1	19.6	6.5	1	0.5

3. 言语能力发展迅速

幼儿的言语能力经历了非常迅速的变化，语音、词汇和句法结构都有了很大的发展。幼儿的言语表达能力也在不断增强，特别是言语的完整性和逻辑性迅速发展，为幼儿的学习和交往创造了良好的条件。

4. 认识能力得到发展

从出生到幼儿末期的发展，可以看到人类个体的认知能力发生、发展的过程。儿童刚出生时只具备基本的感知能力，随着年龄的增长，各种认知能力逐渐发展。到了幼儿期，儿童的各种认知能力都迅速发展起来，逐渐向比较高级的心理水平发展，认识活动的有意性也开始发展起来，为儿童的个性发展奠定了基础。

二、幼儿能力的培养

（一）感知觉的培养

感知觉是认识的门户和基础，儿童感知觉能力的发展，对于他们以后认识世界、掌握知识，以及从事各种改造世界的活动，具有终身的实践意义。教师和家长要经常带幼儿观赏大自然的风光，以扩大他们的视野及开阔他们的眼界；让他们多看、多听、多摸、多闻，以促进其各种感知觉功能的发展。

（二）语言能力的培养

3～6岁是幼儿熟练把握口头言语的时期，良好的言语训练能加快这一进程。教师可以通过游戏、实物、儿歌、识字卡等教孩子说话，背诵简单的儿歌及复述简单的故事，注意正确的发音，培养幼儿的辨音能力，丰富幼儿的词汇量并让幼儿懂得词义，通过生活中遇到的各种事物向幼儿提问——如问树叶是什么颜色等，并要求其回答。

（三）观察力的培养

大自然的千变万化为幼儿观察提供了最丰富的材料，家长有意识地带孩子多到户外活动，并引导他们观察自然景色及其变化，能提高幼儿的观察能力。教师应组织多种形式的活动，如游戏、泥塑、图片、幻灯片及各种实物等，练习幼儿的观察能力；引导幼儿观察每件日用品的用途（基本用途和多种用途）等；同时要培养幼儿观察的随意性、组织性和顺序性。

（四）记忆力的培养

学龄前儿童的记忆是形象记忆，他们对具体形象的东西比较注意也容易记忆，年龄越小，图片、实物、图画等在保持和再现中所起的作用越大。教师可以通过观察图像、实物等让儿童讲出所见的事物，通过讲故事后让他们复述等来培养其记忆力；要培养儿童的有意记忆、理解记忆及记忆的持久性与正确性。

（五）思维能力和想象力的培养

人的思维能力和想象力是从小培养和发展起来的，学龄前儿童的思维是形象思维，培养其思维能力时要注意与具体的形象相结合。例如，讲"动物"这个概念时，教师要联系幼儿在动物园所见到的各种动物，说出这些动物各自的特征及它们的共同点，使幼儿真正懂得什么是动物。

（六）创造力的培养

学前期是培养幼儿创造性思维能力的重要时期，其创造的欲望开始萌芽，需要去发现、培养及引导。

📝 真题练习

单选题

1. 大班幼儿认知发展的主要特点是（ ）。（2020年下半年幼儿园教师资格证考试《保教知识与能力》真题）

A. 直觉行动性   B. 具体形象性

C. 抽象逻辑性   D. 抽象概括性

2. 10个月大的贝贝看见妈妈把玩具塞进了盒子，他会打开盒子把玩具找出来。这说明贝贝的认知具备了（ ）。（2023年上半年幼儿园教师资格证考试《保教知识与能力》真题）

A. 守恒性   B. 间接性

C. 可逆性   D. 客体永久性

3. 田田因为想妈妈哭了起来，冰冰见状也哭了。过了一会，冰冰边擦眼泪边对田田说："不哭不哭，妈妈会来接我们的。"冰冰的表现属于什么行为？（ ）。（2020年下半年幼儿园教师资格证考试《保教知识与能力》真题）

A. 依恋   B. 移情

C. 自律   D. 他律

4. 有些婴幼儿既寻求与母亲接触，又拒绝母亲的爱抚，其依恋类型属于（ ）。（2020年下半年幼儿园教师资格证考试《保教知识与能力》真题）

A. 焦虑—回避型   B. 安全型

C. 焦虑—反抗型   D. 紊乱型

第九章真题练习
参考答案

第十章
幼儿社会性的发展

◇ **本章导读**

　　每个儿童从一出生，就开始了由一个自然人向社会人的转化过程，就被包围在各种社会物体和关系之中，与其周围的人们发生着联系，他的社会性行为也就开始表现出来了。随着年龄的增长，儿童生活范围逐渐扩大，社会经验日益增多。他们要学会与父母、同伴及其他人进行交往、接触，并逐步建立起与父母、与同伴的比较稳定的关系。在外界环境影响下，幼儿的社会性行为也会表现出来。可以说，幼儿期是人一生中社会性发展的关键时期，幼儿期社会性发展的好坏直接影响到儿童以后的发展。

◇ **学习目标**

素质目标

1. 树立自主学习、终身学习的理念。

2. 具有高尚的职业道德，热爱幼儿，热爱幼教事业。

3. 提高职业认知能力，增强责任感与使命感。

知识目标

1. 理解社会性的概念和幼儿社会性发展的意义。

2. 把握幼儿人际关系的发展。

3. 能够运用幼儿社会性发展的相关知识指导教育教学实践活动。

能力目标

1. 能运用相关知识分析幼儿人际关系和社会行为的表现。

2. 能初步评价幼儿人际关系和社会行为的发展状况。

3. 学会初步设计促进幼儿人际关系和社会行为发展的活动方案。

4. 学会运用有效策略促进幼儿人际关系和社会行为的发展。

⊙ 思维导图

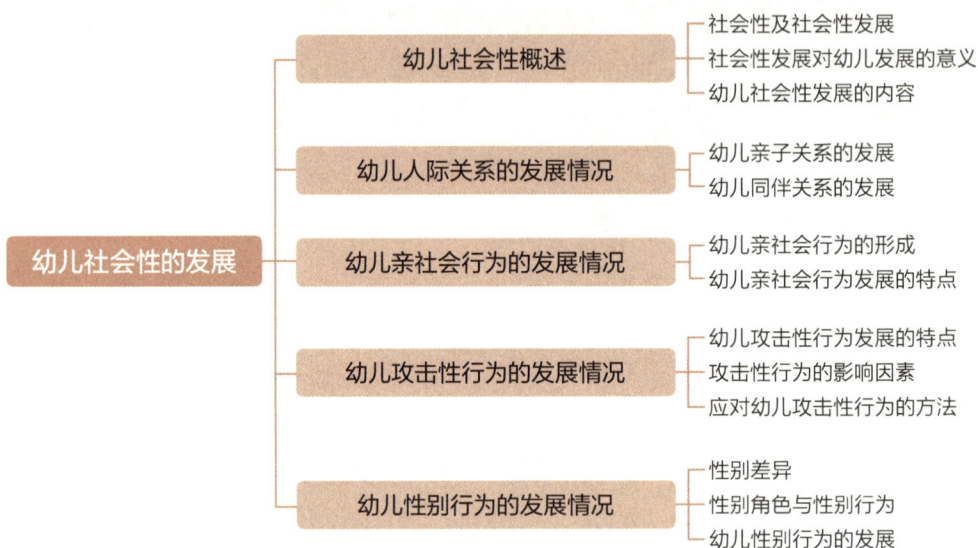

⊙ 情境导入

　　丁丁今年3岁了，是一个漂亮的小姑娘。她的父母在她1岁半时离婚了，她由妈妈独自抚养。妈妈是某大学教育学硕士研究生毕业，现在担任教育学教师。丁丁妈妈对孩子的教育有着和其他家长不一样的看法。丁丁到了该上幼儿园的年龄了，附近的孩子都去上幼儿园了，但是丁丁妈妈决定不让丁丁上幼儿园。妈妈说："幼儿园老师大多时间只是带着孩子玩游戏，学习时间和学习内容都太少，严重浪费了孩子的时间。我按照丁丁的个人特点给她制订了个人教育计划，比在幼儿园学得多。所以，不打算让丁丁入园，在家吃得安心，睡得安心，还能学习更多的知识。"

　　作为幼儿教师，你认为丁丁妈妈的观点对吗？这样对丁丁将来的生活会造成怎样的影响呢？

第一节　幼儿社会性概述

一、社会性及社会性发展

社会性是作为社会成员的个体为适应社会生活所表现出的心理和行为特征，也就是人们为了适应社会生活所形成的行为方式，如对传统价值观的接受，对社会伦理道德的遵从，对社会习俗的尊重，以及对各种社会关系的处理。

社会性发展是指儿童从一个自然人逐渐掌握社会的道德行为规范与社会行为技能，成长为一个社会人，逐渐步入社会的过程。它是在个体与社会群体、儿童集体，以及同伴的相互作用、相互影响的过程中实现的。

二、社会性发展对幼儿发展的意义

（一）社会性发展是幼儿身心健全发展的重要组成部分

培养身心健全的人是教育最根本的目标。社会性发展是幼儿身心健全发展的重要组成部分，它与体格发展、认知发展共同构成幼儿发展的三大方面。从现代教育观念看，让幼儿学会做人的教育远较知识和智能教育重要。重视社会性教育这一主题，已经成为现代教育观念转变的一个主要标志。

完美的人格对一个人的智慧和能力的发展及事业的成功具有促进作用。一个人的道德水平、社会交往能力等对其事业的成功是很重要的。20世纪90年代初出现的情感智力的概念，把社会性发展的作用提到了一个新的高度。情商就是除了智力因素以外的一切内容，主要包括同情和关心他人、表达和理解感情、控制情绪、独立性、适应性、受人喜欢、解决人与人之间关系的能力、坚持不懈、友爱、善良及尊重他人，从中可以看出所谓情商指的就是人的社会性。既然情商是可以培养的，是因教育而形成的，就会出现幼儿发展的水平差异。教育者有责任培养高情商的孩子，发展幼儿的社会性。

（二）社会性发展是幼儿未来发展的重要基础

幼儿社会性发展在人一生的社会性发展中，占有极其重要的地位。幼儿社会性发展是其未来人格发展的重要基础，此阶段幼儿社会性发展的好坏直接关系到幼儿未来人格发展的方向和水平。这是由于幼儿期是儿童社会性发展的关键时期，幼儿的社会认知、社会情感及社会行为技能在此阶段都得到了迅速发展，并开始逐渐显示出较为明显的个人特点，某些行为方式已经成为比较稳定的个性特征。

在进入小学前，幼儿之间就已经表现出较为明显的个体差异。如有的孩子是非观念较强，懂道理，有的孩子则反之，是非不分，显得很不懂事；有的孩子对人友好，受人喜欢，能够独立处理好和同伴的关系，有的孩子则任性、自私，不会和人交往，也不受小伙伴的欢迎。可以说，幼儿期儿童社会性发展的好坏，将是以后儿童社会性发展的基础，并对孩子入学以后的学习、交往有非常大的影响。因此，幼儿期应该注重发展儿童的社会性，为孩子们未来的发展奠定一个良好的基础。

延伸阅读

维克多——阿韦龙地区的野孩

1800 年 1 月 8 日，一个面部和脖子遭受严重创伤的裸体男孩维克多出现在圣赛尔南村庄的边界——该村庄位于法国中南部人口稀少的阿韦龙省内。这个男孩高 1.3 米，看起来大概只有 12 岁。他既不说话，也不对别人的言语做任何反应。他像一只习惯于野外生活的动物，轻蔑地拒绝准备好的食物，扯掉人们试图穿在他身上的衣服。由于早年生活在野外，维克多缺乏社会生活实践活动使其社会性的发展受到了限制，心理发展也明显出现了异常。

三、幼儿社会性发展的内容

（一）人际关系的建立

社会性的核心内容就是人际关系。幼儿的人际关系主要包括两方面：一是幼儿与成人的关系，主要指幼儿与父母的关系（亲子关系）；二是幼儿与同伴的关系。

（二）性别行为的发展

性别行为是人按照特定社会对男性和女性的期望而逐渐形成的行为，也就是男孩子就应该像个男孩子，女孩子就应该像个女孩子——无论是在服装，还是在行为举止等方面。

（三）亲社会行为的发展

亲社会行为的发展是幼儿道德发展的核心问题。道德的发展是指个人的那些符合社会规则的道德品质，即品德的形成和发展，它包括对各种是非标准的掌握，如道德认知、道德情感体验和道德行为。幼儿亲社会行为的形成和发展就是这三者有机结合的产物。

亲社会行为是指个体帮助或打算帮助他人的行为及倾向，具体包括分享、合作、谦让、援助等。

（四）攻击性行为的发展

攻击性行为也称侵犯行为，就是伤害他人或物的行为，如打人、咬人、故意损坏东西（不是出于好奇）、向他人挑衅、引起事端等。攻击性行为是一种不受欢迎却会发生的行为。

第二节　幼儿人际关系的发展情况

一、幼儿亲子关系的发展

（一）亲子关系的含义

亲子关系有狭义和广义之分。狭义的亲子关系是指儿童早期与父母的情感关系，即依恋；广义的亲子关系是指父母与子女的相互作用方式，即父母的教养态度与方式。儿童早期的亲子关系是以后儿童建立同他人关系的基础，儿童早期亲子关系好，就比较容易跟其他人建立比较好的关系。良好的依恋关系对儿童发展的作用主要是通过满足孩子爱的需要（即希望被人疼爱）和安全需要（即觉得有人保护自己）而实现的。这两种需要的满足是儿童进行探究学习和跟他人交往的前提。例如，在 1 ～ 3 岁期间离开父母，由他人抚养的孩子，往往性格胆小，与同伴主动交往的能力差，在个性方面存在的问题也多，如独立性差、任性等。

广义的亲子关系（父母教养态度和方式）直接影响到儿童个性品质的形成，是儿童人格发展的最重要影响因素。如父母态度专制，孩子容易懦弱、顺从；父母溺爱则导致孩子任性。

🔗 知识拓展

陌生情境实验

玛丽·安斯沃斯（Mary Ainsworth）等人采用"陌生情境"技术，评价 1 ～ 2 岁儿童依恋的质量。他们创设了一组由 7 个 3 分钟的情节构成的陌生情境，观察儿童是否能将母亲作为自己的安全基地、母婴分离反应（分离焦虑）、对陌生人的反应（陌生人焦虑）、与母亲团聚的反应等，并根据母婴分离反应（分离焦虑）、对陌生人的反应（陌生人焦虑）、与母亲团聚的反应等，划分出依恋的不同类型。实验安排如表10-1所示。

表10-1　陌生情境实验程序

步骤	情境	观察的行为
1	母亲将儿童放在地板上，坐在一边看儿童玩玩具	安全基地
2	陌生人进入室内，坐下，并和母亲谈话	对陌生人的反应
3	母亲离开房间，陌生人和儿童在一起	分离焦虑和陌生人焦虑
4	母亲回来，招呼儿童，必要时安抚儿童，陌生人离开	对团聚的反应
5	母亲再次离开，儿童独自待在室内	分离焦虑
6	陌生人进入室内，必要时安抚儿童	陌生人焦虑
7	母亲返回，必要时安抚儿童	对团聚的反应

（二）亲子关系的特点

1. 不可替代性

亲子关系是以血缘关系为基础的关系，这种关系具有不可替代性，即其他关系，如师生关系、朋友关系、同学关系、夫妻关系等所不能替代。即使兄弟姐妹关系具有替代性，但亲子关系仍是不可替代的，对人的社会化来说，亲子关系的作用是不可弥补的。

2. 持久性

亲子关系的持久性是最突出的，这种持久性是和其他人的关系所不可比拟的。只要亲子的一方存在，这种关系就永远存在。对于亲子关系而言，其他关系的持久性就低得多，如朋友关系等，即使是夫妻关系，其持久性也远不如亲子关系。

3. 强迫性

亲子关系具有典型的强迫性——实际上这种关系在出生以前就确定了，而且一旦这种关系确定下来，就不可变更。任何一个人都无法选择自己的孩子，无法选择自己孩子的特征，包括身体特征、心理特征；相应地，孩子也不能选择父母的特征，不能选择父母的长相、父母的心理特点。无论双方是否同意，都必须接受这种关系。

4. 不平等性

亲子关系具有明显的不平等性。在亲子关系中，有一方处于主导地位，这一方永远是父母。亲子关系的出现对父母的影响相对较小，因为父母对这种关系的出现是有准备的，有计划的。而且，父母的行为已经成熟，已经有丰富的社会经历。但是，对孩子而言，这个关系是最初的，这个关系的特点会对孩子以后的个性、情感和人际关系有非常重要的影响。

5. 变化性

亲子关系是不断变化的。变化的依据是孩子的年龄，即亲子关系随着孩子年龄的变化而变化。婴儿时期的亲子关系与小学时期的亲子关系有很大的区别；小学时期的亲子关系和初中、大学时期的亲子关系也有很大不同。年龄阶段决定了亲子关系的特点，决定了亲子相互的态度和行为方式。如果亲子关系不存在这种变化性，这样的关系就会出现问题，或形成异常的亲子关系。

（三）亲子关系的类型

1. 民主型

民主型的父母对孩子是慈祥的、诚恳的，善于与孩子交流，支持孩子的正当要求，尊重孩子的需要，积极支持子女的爱好、兴趣；同时对孩子有一定的控制，常对孩子提出明确而又合理的要求，将控制性、引导性的训练与积极鼓励儿童的自主性和独立性相结合。父母与子女关系融洽，孩子的独立性、主动性、自我控制性、探索性等方面发展较好。

2. 专制型

专制型的父母给孩子的温暖、培养、慈祥、同情较少，对孩子过多地干预和禁止，对子女的态度简单粗暴，甚至不通情理，不尊重孩子的需要，对孩子的合理要求不予满足，不支持子女的爱好兴趣，更不允许孩子对父母的决定和规则有不同的意见。这类家庭中培养的孩子或是变得顺从、缺乏生气，创造性受到压抑，无主动性、情绪不安，甚至带有神经质，不喜欢与同伴交往，忧虑，退缩，怀疑；或是变得以自我为中心和胆大妄为，在家长面前和背后言行不一。

3. 放任型

放任型的父母对孩子的态度一般关怀过度，百依百顺，宠爱娇惯；或是消极的，不关心，不信任，缺乏交谈，忽视他们的要求；或只看到他们的错误和缺点，对子女否定过多，或任其自然发展。这类家庭培养的孩子，往往形成好吃懒做、生活不能自理、胆小怯懦、蛮横胡闹、自私自利、没有礼貌、清高孤傲、自命不凡、害怕困难、意志薄弱、缺乏独立性等不良品质。但是，也可能使孩子发展自主、少依赖、创造性强等性格特点。

（四）良好亲子关系的作用

幼儿在出生以后，最初接触到的社会环境就是家庭环境，最初的社会关系就是亲子关系。建立良好的亲子关系，使父母能正确地对待幼儿的需要，适度地满足他们生理和心理的需要，这对幼儿的健康成长将产生良好的促进作用。具体表现为以下几个方面。

1. 幼儿安全感形成的重要因素

童年早期只有与父母一起生活的儿童，才能在其心理深层形成一块稳定的基石，这块基石让幼儿的心里踏实，即形成了很好的安全感。

2. 幼儿社会化形成不可或缺的条件

社会化的过程会规范幼儿各自的行为，使之符合社会化模式。由于幼儿的自然本能，有许多行为并不符合社会要求，因此必须通过教育等对其加以抑制。倘若父母不在其身边，幼儿这种本能的生理需求，就不能给予及时的满足，也不能对其进行及时的引导。

3. 良好的亲子关系促进幼儿身心健康

良好的亲子关系影响幼儿身心健康的发展，具体表现在生理健康和心理健康两方面，二者相互联系和相互作用。良好的情绪会促进食欲，使幼儿精神饱满地参加活动；此外，良好的情绪还有利于幼儿的睡眠，保证机体生物钟的正常运行，促进身体健康。在生活中，幼儿心理上产生了不平衡，急切地需要交流自己的情感，以达到心理平衡。例如，幼儿受了委屈，如果在父母那里得不到安慰，使愤怒的情绪不能平静，导致报复、躲藏或憎恨别人等不良情绪的产生，长此以往会严重影响幼儿人格的形成。

二、幼儿同伴关系的发展

（一）同伴关系的含义

同伴关系是幼儿在交往过程中建立和发展起来的一种幼儿间，特别是同龄人间的人际关系，它存在于整个人类社会。同伴关系在幼儿生活中，尤其是在幼儿个性和社会性发展中起着

2 岁前同伴交往
的发展阶段

成人无法取代的独特作用，是不容忽视的环境因素之一。

（二）同伴关系的作用

1. 同伴可以满足幼儿归属和爱的需要与尊重的需要

马斯洛认为，归属和爱的需要与尊重的需要都是人类基本需要的一部分，幼儿在同伴集体中被同伴接纳并建立友谊，同时在集体中占有一定地位，受到同伴的赞许和尊重而产生一种心理上的满足，这有益于幼儿的发展。

2. 同伴交往为幼儿社会化的发展提供了机会

幼儿在与同伴的交往中学习如何与他人建立良好关系、保持友谊和解决冲突，怎样对待领导与被领导的关系，怎样对待敌意和专横，怎样对待竞争与合作，怎样处理个人与小团体的关系等。这一切都是在平等的基础上进行的。与父母不同，同伴既是平等的，又是公正的。同伴对幼儿的影响主要是通过强化、模仿和同化机制实现的。同伴榜样在改变幼儿行为和态度中具有很大潜力。幼儿常模仿同伴的行为并将其同化到自己的行为结构中去。

3. 同伴是幼儿特殊的信息渠道和参照框架

同伴是幼儿特殊的信息渠道，如幼儿常从同伴那里获得一些不便或不能从成人那里得到的知识和信息。在同伴集体中，当发生规范冲突时，幼儿考虑到同伴提供的信息和团体规范，会表现出从众行为。幼儿自我概念的形成也得益于同伴集体。同伴既可以给幼儿提供关于自我的信息，又可以作为幼儿与他人比较的对象。幼儿在将自己与同伴比较的过程中形成对自我的评价。

4. 同伴是幼儿得到情感支持的一个来源

当幼儿面临陌生或恐怖情境时，同伴在场可以起到与父母同样的作用，消除紧张和压抑。

（三）影响幼儿同伴关系的因素

1. 家庭因素的影响

父母错误的教养态度与方法（如过分保护、溺爱、粗暴、冷漠等）会对幼儿的人际交往产生不良影响，甚至引发心理问题。良好的家庭人际环境有利于幼儿与同伴交往，而缺乏人际交往的家庭环境则会影响幼儿的同伴交往。在没有双亲或虽有双亲却没有爱的家庭中，幼儿常因缺乏爱而不能有正常的安定情绪。丧失感、挫折感、不安全感等引发的欲求不满，使他们容易形成攻击、破坏的行为习惯，这对幼儿与他人交往的消极影响是显而易见的。

2. 托幼机构的影响

托儿所和幼儿园是幼儿最早加入的集体生活环境，对培养幼儿社会适应能力起着重要作用。幼儿从家庭进入集体环境，对教师有着很强的依赖性，因此建立良好的师幼关系是非常重要的。如果教师未能与幼儿建立起亲密、融洽、协调的关系，就会导致幼儿心理上的不平衡，从而造成幼儿与同伴交往的不协调。如果教师不注意爱抚、关心、尊重和认可幼儿，甚至经常冷落或惩罚幼儿，就会使幼儿产生不安全感，容易产生心理压力，进而形成孤僻、冷漠、不合群等特征。一个幼儿在教师心目中的地位如何，会间接地影响到同伴对这个幼儿的评价。

3. 活动材料和活动性质

活动材料特别是玩具，是学前儿童同伴交往的一个不可忽视的影响因素，尤其是从婴儿期到幼儿初期，儿童之间的交往大多围绕玩具而发生。玩具对儿童同伴交往的影响还体现在玩具的不同数量和特征能引起儿童之间不同的交往行为上。儿童的活动空间过小或者没有足够数量的玩具，儿童之间的争抢、吵嘴、攻击等消极行为就会更容易发生；而在有大型玩具，如滑梯、攀登架、中型积木等的条件下，儿童之间倾向于发生轮流、分享、合作等积极、友好的交往行为。

活动性质对同伴交往的影响表现在不同游戏情境中。自由游戏中，不同社交类型的幼儿表现出交往行为上的巨大差异；而在有一定任务的情境下，如在表演游戏或集体活动中，即使是不受同伴欢迎的儿童，也能与同伴进行一定的配合、协作，因为活动情境本身已规定了同伴间的合作关系，对其行为起到了制约的作用。

幼儿游戏中同伴关系的发展特点

4. 幼儿自身的特征

幼儿自身的身心特征一方面制约着同伴对他的态度和接纳程度，另一方面也决定着他自身在交往中的行为方式。

①行为特征。行为特征是幼儿社会能力的重要体现。幼儿之所以在同伴交往中地位各异，主要是因为这些儿童具有明显不同的行为特征。受欢迎

的儿童，是因为他们对同伴友好，没有明显的攻击行为。被拒绝的儿童一般不会使用恰当的方式加入群体活动中，经常表现出许多攻击性行为。被忽视的儿童因为害羞与行为笨拙，很少表现自己，也不攻击他人。幼儿在合作方面存在着相当稳定的个体差异，而且这种差异预示了儿童以后不同的社交地位。

②社交技能与策略。幼儿的社交技能与策略对幼儿同伴交往也有重要影响。在幼儿同伴交往过程中，当幼儿掌握并运用一定的有效的社交技能与策略时，他的行为能很好地被其同伴认可和接纳，才能与同伴相处融洽。

（四）帮助幼儿建立良好同伴关系的方法

1. 家长要正视幼儿的同伴关系

家长要正视幼儿的同伴关系，认识到同伴关系对幼儿成长的重要性，抛弃怕幼儿太小没有能力，怕幼儿在同伴关系中吃亏、受忽视的担忧。其实幼儿在交往中遇到一些困难和挫折是必要的和必然的，让幼儿吃点"苦头"是有益的。家长应尽可能地帮助幼儿创造与同伴交往的机会，鼓励幼儿多与同伴交往；教育幼儿欣赏同伴，与同伴分享游戏中的乐趣，有错误敢于承认，尽可能原谅别人等。对幼儿之间产生的矛盾，家长不必直接介入，但应启发幼儿自己动脑想办法解决。有条件的家庭还可让幼儿欢迎同伴到家中做客，指导幼儿如何招待同伴，引导同伴全体参加活动，结合玩耍情境评价幼儿与同伴交往时的优缺点等。

2. 家长应规范自己的言行

家长在人际交往中的言谈举止会成为幼儿效仿的榜样。幼儿在家庭中，会自觉不自觉地接受家长处理人际关系的倾向，潜移默化地学会家长的待人接物方式。因此，家长在人际交往中要注意热情待人，乐于助人，同情他人，尊重他人，民主地、宽容地处理好人际关系，为幼儿做出典范。切忌对幼儿的教育是一套，而实际对待他人是另一套。

3. 培养幼儿优良的品质

良好的品行不仅是幼儿成长发展的重要方面，在建立良好的同伴关系中也是至关重要的因素，可以说是幼儿建立良好同伴关系的基石。只有品德高尚的人，才会做到关心他人、乐于助人，敢于牺牲个人的利益。相反，如果一个人自私自利，以自我为中心，品行不轨，即使有一定的社交技巧或个人能力，其人际关系也不会长久融洽。因此，家长要抓好幼儿品德的培养，教育幼儿忠于友谊、宽宏待人，善于与他人分担忧愁和分享快乐；同时教会幼儿与人相处的策略，学会一定的交往技巧，如适当地服从、恰当地赞赏、灵活地处理矛盾等。

第三节　幼儿亲社会行为的发展情况

一、幼儿亲社会行为的形成

亲社会行为是指个体帮助或打算帮助其他个体或群体的行为及倾向，具体包括分享、合作、谦让、援助等。亲社会行为的发展是幼儿道德发展的核心问题。

亲社会行为的形成是以道德认识和道德情感体验的发展为前提的。移情是幼儿道德认识发展的主要方面，由此产生的同情心是幼儿道德情感发展的具体体现。幼儿的亲社会行为的发展是幼儿的道德认识、道德情感和道德行为的有机结合。

移情是指从他人的角度来考虑问题。移情是幼儿亲社会行为产生的前提，也可以作为产生亲社会行为的主要动机。移情的作用主要表现在两个方面：一是移情可以使幼儿摆脱自我中心，产生利他思想，从而导致亲社会行为；二是移情能引起儿童的情感共鸣，产生同情心和羞愧感，让幼儿从自身愿望出发，产生降低他人痛苦的动机，增加亲社会行为，降低攻击性行为。幼儿亲社会行为的形成是在从别人的角度考虑（移情）的基础上，产生情感反应（同情），进而产生安慰、援助等行为。

二、幼儿亲社会行为发展的特点

（一）亲社会行为的发生

亲社会行为在幼儿出生后的第一年就可以看到，如对他人困境的做出表示或哭泣反应。将玩具出示或递给不同的成人（母亲、父亲或陌生人）在1岁半的幼儿中是很常见的行为，并且这种分享活动不要求鼓励、引导和奖赏。1岁半左右的孩子不仅主动接近有困难的人，而且提供特定的帮助。他们可能向一位打坏了玩具的幼儿提供另一种玩具，或为弄破了手指的母亲拿来绷带。

（二）分享行为的发展

分享行为是幼儿亲社会行为发展的主要方面。从目前的研究看，幼儿分享行为的发展具有如下特点。

①幼儿的均分观念占主导地位。其中，4～5岁时分享观念增强，表现为从不会均分到会均分；5～6岁时分享水平提高，表现为慷慨行为的增多。

②幼儿的分享水平受分享物品数量的影响。当分享物品与分享人数相等时，几乎所有儿童都做出均分反应。当分享物品只有一件时，幼儿表现出慷慨的反应最高，但随分享物数量的递增而渐次下降，满足自我的反应渐次增高，这说明幼儿利他观念不稳定。

③当物品在人手一份之外有多余时，幼儿倾向于将多余的那份分给需要的幼儿，不需要的幼儿则不被重视。

④分享对象不同时，幼儿的分享反应也不同。当分享对象是家长且物品少的时候，幼儿慷慨反应较多，但当物品多余时，则慷慨反应下降。

⑤幼儿更注重于食物，对待这些东西，幼儿的均分反应高，而慷慨反应少；对玩具，幼儿慷慨反应稍多。

（三）亲社会行为的个别差异

有人观察3～7岁幼儿对同伴困境的反应，如一个幼儿大哭引起他附近儿童的反应。结果发现，毫无反应的儿童极少，只占7%；目睹事件的幼儿有一半呈现面部表情；有17%的幼儿直接去安慰大哭者；10%的幼儿去寻求成人的帮助；5%的幼儿去威胁肇事者；但有12%的幼儿回避；2%的幼儿表现了明显的非同情性反应，表明幼儿的亲社会行为存在个别差异。这些结果说明亲社会行为的发展需要适当的引导和教育。

（四）亲社会行为中的基本行为规范

3岁左右的幼儿已经能在提醒下遵守游戏和公共场所的规则；知道不经允许不能拿别人的东西，借别人的东西要归还；在成人的提醒下，会爱护玩具和其他物品。

4～5岁的幼儿能够感受到规则的意义，并能基本遵守规则；他们不私自拿不属于自己的东西，也知道说谎是不对的；知道接受了的任务要努力完成；在成人的提醒下，他们还能节约粮食和水电等。

5～6岁的幼儿能理解规则的意义，能与同伴协商制定游戏和活动规则；知道爱惜物品，用别人的东西时也知道爱惜；知道做了错事要敢于承认，不能说谎；如果接受了任务，他们能够认真负责地完成自己所接受的任务；已经能够自觉地爱护身边的环境，注意节约资源。

成人要根据不同的年龄发展水平，培养幼儿遵守社会中基本的行为规范，促进其亲社会行为的发展。

首先，成人自己要遵守社会行为规则，为幼儿树立良好的榜样。如答应幼儿的事一定要做到、尊老爱幼、爱护公共环境、节约水电等。

其次，结合社会生活实际，帮助幼儿了解基本行为规则或其他游戏规则，体会规则的重要性，学习自觉遵守规则。如经常和幼儿玩带有规则的游戏，遵守共同约定的游戏规则；利用实际生活情境和图书故事，向幼儿介绍一些必要的社会行为规则，以及为什么要遵守这些规则；在幼儿园的区域活动中创设情境，让幼儿体会没有规则的不方便，鼓励他们讨论制定规则并自觉遵守；对幼儿表现出遵守规则的行为要及时肯定，对违规行为给予纠正。如幼儿主动为老人让座时要表扬；幼儿损害别人的物品或公共物品时要及时制止并主动赔偿。

最后，教育幼儿要诚实守信。对幼儿诚实守信的行为要及时肯定；允许幼儿犯错误，告诉他改了就好。不要打骂幼儿，以免他因害怕惩罚而说谎。年龄小的幼儿经常分不清想象和现实，成人不要误认为他是在说谎。发现幼儿说谎时，要反思是不是因自己对幼儿的要求过高、过严造成的；如果是，要及时调整自己的行为，同时要严肃地告诉幼儿说谎是不对的。经常给幼儿分配一些力所能及的任务，要求他完成并及时给予表扬，培养他的责任感和认真负责的态度。

（五）幼儿亲社会行为的培养方法

1. 移情训练法

在幼儿亲社会行为的培养中，移情训练法的作用非常明显，它能让幼儿在别人的立场上进行体验，从而产生亲社会行为。移情训练法是一种旨在提高幼儿善于体察他人的情绪、理解他人情感，从而与之产生一种共鸣的训练法。虽然所有幼儿都有移情的能力，但一些幼儿比较容易产生移情的反应。父母的教养方式对幼儿的移情发展起着重要的作用，父母要给幼儿正确的引导并树立榜样。那些不会同情和怜悯他人的父母，当幼儿遇到他人的苦恼情境时，父母会通过限制、惩罚等手段使幼儿离开苦恼情境；而那些会怜悯他人的幼儿父母，则会对伤害事件进行感情的说明，帮助孩子理解自己的行为与他人烦恼的关系。在后一种情况里，父母实际上给幼儿进行了移情训练。采用这种教养方式的父母，他们的孩子往往对别人表现出移情，并可能表现出帮助、分享、同情等亲社会行为。

2.创建一个亲社会环境

（1）建立良好的家庭和校园环境

一般来说，幼儿绝大部分时间都是在家庭和学校中度过的，因而家庭和校园的环境对幼儿十分重要。这里所指的环境不仅包括物质层面，也包括精神层面；不仅包括外在环境，也包括内在环境；不仅包括硬环境，也包括软环境。优美的外在环境能够让人心情愉悦、心旷神怡。当一个人心情愉快的时候，更容易做出利他的行为，而幼儿在情绪良好时也更乐于做出较多友好的举动。从这个意义上讲，为使幼儿健康地成长，顺利地完成社会化进程，家庭和学校应该给幼儿提供一个优美、清洁的环境，让他们感受到舒适和愉悦，从而增加亲社会性。

除了美化外在环境外，家庭和学校的内在环境也要得到净化。这种隐性环境比外在的物质环境对幼儿的影响更为深刻和持久，并且是在潜移默化中起作用的。这种内在环境主要是指道德环境，包括家庭成员与教师的道德观念和道德行为。教师和家长的言行是否具有亲社会性，将直接影响幼儿。因此，成人要树立积极正确的价值观和人生观，加强自身品德修养，提高个人的素质，在幼儿面前保持良好的形象。

（2）建立和谐的人际氛围

①应注意良好亲子关系的培养。作为父母，首先要爱孩子，能够对幼儿表示关怀，给予幼儿必要的帮助，父母如果以温暖、爱护和支持扶助的方式对待幼儿，将更容易使幼儿形成和发展利他和助人的倾向；其次加强亲子沟通，及时了解孩子的感受、想法和需要，尊重孩子的人格，做到体贴、包容和理解，接纳、信任幼儿，给予幼儿适当的独立和自由，坚持民主平等的原则，改进不适当的教育方式，去除不合理的要求。对父母来说，鼓励幼儿亲社会行为的最有力方式是运用微笑、赞扬和拥抱等手段来奖赏这类行为。多用引导的方式，通过说理、表扬，阐明幼儿行为给别人带来的后果，不仅告诉孩子该做什么，不该做什么，而且提供解释，让孩子明白原因。

②应注意良好同伴关系的培养。同伴的反应对幼儿亲社会行为的学习、巩固和发展非常重要。一方面，强化交往意识，鼓励幼儿主动与人交往，加强互动，同时向幼儿传授一些必要的社会交往技能。这些人际交往的技能对幼儿非常重要，它可以促进人际吸引，赢得同伴的喜爱和团体的认同。另一方面，为幼儿提供和创造与人相处和进一步发展友谊的机会。教师可以通过组织小型运动会、各种节日庆祝会、大带小等活动，让幼儿感受集体的温暖，学会如何和他人共同完成任务和共同分享成功，并在教师的引导下逐渐懂得关心、帮助他人。

③要注意良好师生关系的培养。首先，良好的师幼关系是平等的、民主的。教师关心幼儿，幼儿热爱教师，这种友好、积极的人际氛围，不仅提供给幼儿自由的发展空间，而且使之获得宝贵的人际交往体验，真正地感受到来自没有亲缘关系的他人的关爱，从而形成对社会的信任，建立积极的社会价值取向，为以后进一步的社会适应奠定良好的基础。同时，良好的师幼关系也会促进师幼之间的互动，为幼儿学习亲社会行为创造更多的机会。

其次，教师应为幼儿设置有效的情境，创设平等、友好和互助的课堂氛围，运用一些教学手段和策略，诱导幼儿在合作解决问题的过程中体验到成功和快乐，并学会分享这种快乐。教师在看到幼儿的行为发生时就应该及时给予强化。作为强化手段，对于年龄小的幼儿，物质奖励更有吸引力；而在年龄稍大的幼儿看来，公开表扬更具激励性。

最后，在对待幼儿的个别言行时，多运用移情性评价，并对幼儿满怀"期待"。教师的期待在幼儿的社会化过程中也会产生很大作用，它不仅影响幼儿对社会行为的学习，也影响他们的动机和自我评价。当教师对某个幼儿寄予期望时，对他的行为就会更加关注。每当幼儿有好的表现时，教师通常会不自觉地流露出满意和赞赏，这本身就是一种肯定和鼓励，势必强化幼儿的行为和动机。因此，在这种期待的促动下，幼儿定然有更佳的表现。

3. 教师正确辅导

幼儿的大多时间是在幼儿园中度过的，教师成为幼儿重要的模仿对象和榜样。因此，教师要仔细观察、了解幼儿，在充分了解幼儿的基础上，按幼儿的发展水平进行辅导——必须考虑幼儿的实际水平，也就是教师要求他们经过努力后能够达到的水平。对不同年龄的幼儿有不同的要求，才能有利于幼儿身心发展，辅导效果才会好。教师在辅导幼儿时，向他们提出的要求一定要执行，不能言行不一。教师制定规则后要坚持一贯性，不能今天执行，明天不执行。此外，教师还要善于营造亲密、和谐的氛围，尽量不要当众指责幼儿，或让幼儿感到老师对某些孩子偏心，要让幼儿体验到同伴共同学习的生活乐趣。在教育活动中，教师可以利用故事的形式进行教学，故事情节可以选择一些有利害冲突的，让幼儿以"我"的身份来体验内心激烈斗争的过程并做出选择，说出理由。这样，幼儿就有了一个榜样，榜样的示范作用就体现出来了。教师平时的一言一行都要符合榜样标准，否则，幼儿就会感到无所适从。如果幼儿对教师产生了怀疑，教师的教学效果就会降低。

4. 形成良好的社会风气

幼儿受年龄局限，缺乏辨别力、控制力和免疫力，很容易受到不良风气的诱惑和侵袭。而幼儿的行为习惯又大多是在非正式学习的课程中潜移默化习得的。这就需要全社会的各个机构、各行各业、每个个体共同努力，"从我做起，从现在做起"，提倡尊重人、理解人、关心人的人道主义精神，共同为幼儿创建一个清新优美、自由和谐、团结互助、昂扬奋发的良好精神家园。

第四节　幼儿攻击性行为的发展情况

一、幼儿攻击性行为发展的特点

攻击性行为是一种不受欢迎但却会发生的行为。幼儿期攻击性行为存在如下特点。

①幼儿攻击性行为频繁，主要表现有为了玩具或其他物品而争吵、打架。行为更多是直接争夺或破坏玩具、物品。

②幼儿更多依靠身体的攻击，而不是言语的攻击。

③幼儿的攻击性行为存在明显的性别差异。男孩比女孩更多地怂恿和更多地卷入攻击性事件；男孩比女孩更容易在受到攻击以后发生报复行为；碰到对方是男性时比对方是女性时更容易发生攻击性行为。

二、攻击性行为的影响因素

（一）父母的惩罚

攻击型幼儿的父母对他们惩罚多，而且即使他们行为正确也经常施以惩罚。惩罚对攻击型和非攻击型的幼儿能产生不同的影响。惩罚对于非攻击型的幼儿能抑制攻击性，但对于攻击型的幼儿则不能抑制攻击性，反而会加重攻击性行为。

（二）榜样

电视上的攻击性形象能增加幼儿的攻击行为。过多的电视暴力还能影响幼儿的行为态度，使他们将暴力看作是一种解决人际冲突的可接受的和有效的途径。模仿是 3～6 岁幼儿攻击性行为产生的一个主要原因。另外，父母打架对孩子也会有影响。

（三）强化

在孩子出现攻击性行为时，父母不加制止或听之任之，就等于强化了孩子的侵犯行为。同伴之间也能学会攻击性行为，如果一个孩子成功地运用了攻击策略来控制同伴，可以增加他以后的攻击性行为。

（四）挫折

攻击性行为产生的直接原因主要是挫折。挫折是人在活动过程中遇到障碍或干扰自己实现目的和满足需要时的情绪状态。如孩子在犯错误时，成人对周围人说"不理他"、使孩子丢脸、戏弄他、经常对他大声嚷嚷等。一个受挫折的孩子很可能比一个心满意足的孩子更具攻击性。

三、应对幼儿攻击性行为的方法

（一）合理安排活动

科学设计、合理安排幼儿活动，可保证幼儿各器官、组织有节奏地活动，防止神经过度疲劳或过于抑制，对形成良好的习惯有积极促进作用。此外，减少环境中易产生攻击性行为的刺激是很必要的。例如，给幼儿提供较为宽阔的活动空间，尽量避免提供有攻击性倾向的玩具等，这样可以减少冲突的产生，从而减少攻击性行为的产生。

（二）树立正确的教育观

对幼儿的攻击性行为，教师应该更多地强调爱、平静、温和的教育，特别要注意平时培养他们的爱心及善良、谦让、合作等良好品格，这样才能铲除幼儿攻击行为的土壤。切忌当幼儿有了过失或攻击他人时，便对其态度冷漠、粗暴对待，这样只能使幼儿产生反感，甚至对立。另外，幼儿园与家庭教育要相互配合，协调一致，家庭成员间对孩子的态度也要一致；否则，教育的作用就会相互抵消，造成幼儿思想上的混乱和行为上的矛盾。

（三）启发幼儿对攻击性行为的理解和思考

要解决行为问题，首先要解决认识问题。一般来说，只有认识了准则，才能产生相应的情感和行为倾向，但幼儿对事物的认识是形象、具体、直观的，加强幼儿的认识，必须符合他们的心理特征，运用具体、形象的材料，采用生动活泼的形式。例如，给他们观看录像、表演或与幼儿交谈等，设法让他们明确攻击他人的行为是不对的，是小朋友、老师和家长都不喜欢的。幼儿一般不能对自己的行为进行反省，为此教师可以通过角色扮演等途径，让幼儿认识到他人对其攻击性行为的不满，从而使其对自己的攻击性行为产生否定情绪。比如，通过讲故事、情景表演等形式给幼儿呈现一个有攻击性行为的儿童形象，与其讨论这一儿童的表现及其危害，使其意识到这样的儿童是不受欢迎的。更为重要的是，一定要进一步与其共同设想受人欢迎的儿童形象，增强幼儿向榜样学习的愿望，从而减少攻击性行为。

（四）让幼儿有情感体验

解决幼儿的行为问题，要让他有情感体验，只讲道理，在情感上不能触动幼儿，是解决不了问题的。例如，当幼儿打了别人，就应让他体验到疼的滋味——当然不能通过挨打来体验，但是可以让他通过回忆摔倒时的疼痛感等来体验别人的不舒服。再如幼儿与其他小朋友一起玩玩具时，要教给他一些与其他小朋友沟通的方法和技巧，别人在玩的时候，自己如果想玩，应和别人商量："咱们轮流玩吧，你玩一会儿给我，我玩一会儿再给你。"同时，还让他体验到，"别人总是在玩，你在这儿看着多难受呀！如果你总是玩，别人也同样难受"。

（五）解决行为习惯问题

幼儿有了一定的认识和情感体验，但在行为过程中不一定就能按照行为准则达到要求，尤其幼儿意志比较薄弱，所以，作为教师和家长，既要向幼儿提出合理、具体的要求，也要耐心、坚持不懈地对其进行说教和培养。尤其对幼儿已形成的不良习惯应循序渐进地解决，让幼儿在反复的实践基础上，将良好的行为转化为习惯。

幼儿期是身心急剧发展的时期，这个阶段的发展，对幼儿今后乃至一生的发展至关重要，此时所造成的任何发展的落差与偏差都会给今后的发展和教育带来很大影响。所以，教师要注意观察、了解幼儿攻击性行为的表现，正确认识和分析攻击性行为的性质，寻找成因，以便及早采取有效措施，使幼儿身心健康、和谐发展。

第五节　幼儿性别行为的发展情况

一、性别差异

由于生理和社会因素的影响，男女之间确实存在某些性别差异，已经确定存在的性别差异主要有以下四个方面。

幼儿性别概念的
发展

（一）身体、动作和感觉的发展

女孩出生时身体和神经方面较发达，较早学会行走和达到青春期。男孩出生时肌肉发展较成熟，肺和心脏较大，对痛的敏感性较低。随着年龄的增长，男孩在需要力量和大动作技能的活动中占据优势。

（二）认知的发展

婴儿期女孩在言语能力上占优势，这种优势在中学阶段显著增长，包括词汇、阅读理解和言语的创造性。从 10 岁左右开始，男孩在视觉空间能力上领先，表现在二维或三维物体操作、读图和确定目标物等活动中。

（三）社会性和情绪的发展

男孩更多地成为攻击者和被攻击者，特别是身体上的攻击，即使在早期社会性游戏中也是这样。2 岁时女孩对于父母和其他成人的要求更为遵从，但男孩对成人指导的反应更为多样化。

（四）特殊发展

男孩更容易出现学习问题、阅读困难、言语缺陷和情绪问题。

性别差异的形成，有男女两性生理方面的原因，也有后天学习的结果。生理发育对男女动作、学习能力方面的影响较大；而社会因素对幼儿的社会性和情绪方面的影响较大。一个人从一出生就开始不断地受到成人及同伴的影响，通过观察模仿学习和外界对其行为的奖罚，逐步建立起性别概念，把自己所理解的性别角色系统内化到自己的行为中，并逐步成为一种稳定的行为特征。

二、性别角色与性别行为

性别角色属于一种社会规范，是对男性和女性行为的社会期望。男女在家庭生活和社会生活中扮演什么角色，是从幼儿时期起受成人影响、教育的结果。男孩和女孩通过对同性别长者的模仿，而形成的自己这一性别所特有的行为模式，即性别行为。

帮助幼儿形成性别角色，发展性别行为是成人的任务。一般来说，正确确认性别角色和相应的性别行为是幼儿健康发展的一个重要方面。但高水平的智力成就是同糅合两性品质的男女同一化相联系的。所谓男女同一化是指一个人身上同时具有男性和女性的特点。过分划分两性不同的作用会妨碍男孩和女孩的智力和心理发展；适当淡化幼儿的性别角色和性别行为，对形成男女同一化性格是有利的。如幼儿期淡化性别角色的教育方式：给幼儿上课的既有男老师也有女老师；积木区的玩具不但有汽车、动物等，也有洋娃娃及家庭用具；鼓励所有幼儿都使用家务区和化妆区；鼓励所有幼儿都使用登高设备；允许所有幼儿在外表上表露自己的情绪；教师一视同仁地处理吵架、发脾气或哭喊的幼儿，而不考虑性别；教师尊重和鼓励独立自信的行为。

🔗 知识拓展

性别角色的认知发展

1. 知道自己的性别，并初步掌握性别角色的知识（2～3岁）

幼儿能区分出一个人是男性还是女性，就说明他已经具有了性别概念。幼儿的性别概念包括两个方面：一是对自己性别的认识；二是对他人性别的认识。幼儿对他人性别的认识是从2岁左右开始的，但幼儿这时还不能准确地说出自己是男孩还是女孩。2.5~3岁时，绝大多数幼儿都能够准确地说出自己的性别。同时，这个年龄阶段的幼儿已经有了一些关于性别角色的初步认识，如女孩要玩洋娃娃、男孩要玩汽车等。

2. 自我中心地认识性别角色（3～4岁）

此阶段的幼儿已经能够明确地分辨自己是男孩还是女孩，并对性别角色的知识逐渐增多。但对三四岁的幼儿来说，他们能接受各种与性别习惯不符的行为偏差，如认为男孩穿裙子也可以，几乎不会认为这是违反了常规。这说明他们对性别角色的认识还不是很明确，具有明显的自我中心的特点。

3. 刻板地认识性别角色（5～7 岁）

在前一阶段发展的基础上，幼儿不仅对男孩和女孩在行为方面的区别认识越来越清楚，同时开始认识到一些与性别有关的心理因素，如男孩要胆大、勇敢、不能哭，女孩要文静、不能粗野等。但与幼儿对其他方面的认识发展规律一样，他们对性别角色的认识也表现出刻板性。他们认为违反性别角色习惯是错误的，会受到惩罚和耻笑，如一个男孩玩洋娃娃就会遭到同性别孩子的反对，认为这样不符合男子汉的行为。

三、幼儿性别行为的发展

儿童在幼儿期已经表现出一些性别差异，这种差异明显地体现在幼儿的游戏活动中。评价幼儿行为"性别相符性"的最常见方法就是观察幼儿游戏中的玩伴与游戏的内容。幼儿对玩具的偏爱在很小的年龄就有了性别差异。14～22 个月的儿童中，通常男孩在所有玩具中更喜欢卡车和小汽车，而女孩则更喜欢洋娃娃或柔软的玩具。玩具的种类也规定了男孩和女孩的游戏内容，男孩更喜欢参与运动性、竞赛性游戏，女孩则更喜欢过家家的角色游戏。

幼儿对同性别玩伴的偏好也出现得很早。在托幼机构中，2 岁的女孩表现出更喜欢与其他女孩玩，而不喜欢跟吵吵闹闹的男孩玩。到了 3 岁，男孩就明显地选择男孩而不选择女孩作为伙伴了。

幼儿期已经开始有了个性方面比较明显的性别差异，这种差异不断发展。4 岁女孩在独立能力、自控能力、关心人与物三个方面优于同龄男孩；6 岁男孩的观察力、好奇心和情绪稳定优于女孩，而 6 岁女孩对人与物的关心仍优于男孩。

📝 真题练习

选择题

1. 萌萌怕猫，当她看到青青和小猫一起玩得很开心时，她对小猫的恐惧也降低了。从社会学习理论的视角看，这主要是哪种形式的学习？（　　）
（2020 年下半年幼儿园教师资格证考试《保教知识与能力》真题）

A. 替代强化   B. 自我强化

C. 操作性条件反射   D. 经典条件反射

2. 在教学活动中，幼儿洋洋趁老师不注意溜出教室。当邓老师试图伸手抓住他时，他故意让老师追自己，就像在玩追逐游戏。对此，邓老师应（　　）。（2021年下半年幼儿园教师资格证考试《综合素质》真题）

A. 让家长领洋洋回家教育   B. 让洋洋在户外自由活动

C. 牵着洋洋的手回到教室   D. 关闭房门不让洋洋进入

3. 小明搭房子时缺一块长条积木，他发现苗苗手里有一块，就直接过去抢。小明的这种行为属于（　　）。（2021年上半年幼儿园教师资格证考试《保教知识与能力》真题）

A. 工具性攻击   B. 言语性攻击

C. 生理性攻击   D. 敌意性攻击

4. 有些幼儿经常看电视上的暴力镜头，其攻击行为会明显增加，这是因为电视的暴力内容会对幼儿攻击行为的习惯起到（　　）。（2022年下半年幼儿园教师资格证考试《保教知识与能力》真题）

A. 定势作用   B. 惩罚作用

C. 依赖作用   D. 榜样作用

第十章真题练习
参考答案

参考文献

[1] 陈帼眉. 幼儿心理学[M]. 2版. 北京：北京师范大学出版社，2017.

[2] 邓赐平. 儿童发展心理学[M]. 4版. 上海：华东师范大学出版社，2023.

[3] 丁祖荫. 幼儿心理学[M]. 3版. 北京：人民教育出版社，2016.

[4] 刘梅，王芳. 儿童发展心理学[M]. 3版. 北京：清华大学出版社，2021.

[5] 刘颖. 幼儿心理学（理实一体教材）[M]. 北京：电子工业出版社，2019.

[6] 宋丽博. 学前儿童发展心理学[M]. 4版. 北京：高等教育出版社，2022.

[7] 王惠萍，孙宏伟. 儿童发展心理学[M]. 2版. 北京：科学出版社，2018.